FARMING
农业种植系列读物
邹 彬 吕晓滨 编著

U0297804

核桃栽培
与病虫害防治技术

河北科学技术出版社

图书在版编目（CIP）数据

核桃栽培与病虫害防治技术／邹彬，吕晓滨编著
. -- 石家庄：河北科学技术出版社，2013.12（2023.1重印）
ISBN 978-7-5375-6571-4

Ⅰ.①核… Ⅱ.①邹… ②吕… Ⅲ.①核桃-果树园
艺②核桃-病虫害防治方法 Ⅳ.①S664.1②S436.64

中国版本图书馆 CIP 数据核字（2013）第 269563 号

核桃栽培与病虫害防治技术

邹　彬　吕晓滨　编著

出版发行	河北科学技术出版社
地　　址	石家庄市友谊北大街 330 号（邮编：050061）
印　　刷	三河市南阳印刷有限公司
开　　本	910×1280　1/32
印　　张	7
字　　数	140 千
版　　次	2014 年 2 月第 1 版
	2023 年 1 月第 2 次印刷
定　　价	25.80 元

Preface 序

  推进社会主义新农村建设，是统筹城乡发展、构建和谐社会的重要部署，是加强农业生产、繁荣农村经济、富裕农民的重大举措。

  那么，如何推进社会主义新农村建设？科技兴农是关键。现阶段，随着市场经济的发展和党的各项惠农政策的实施，广大农民的科技意识进一步增强，农民学科技、用科技的积极性空前高涨，科技致富已经成为我国农村发展的一种必然趋势。

  当前科技发展日新月异，各项技术发展均取得了一定成绩，但因为技术复杂，又缺少管理人才和资金的投入等因素，致使许多农民朋友未能很好地掌握利用各种资源和技术，针对这种现状，多名专家精心编写了这套系列图书，为农民朋友们提供科学、先进、全面、实用、简易的致富新技术，让他们一看就懂，一学就会。

  本系列图书内容丰富、技术先进，着重介绍了种植、养殖、职业技能中的主要管理环节、关键性技术和经验方法。本系列图书贴近农业生产、贴近农村生活、贴近农民需要，全面、系统、分类阐述农业先进实用技术，是广大农民朋友脱贫致富的好帮手！

中国农业大学教授、农业规划科学研究所所长
设施农业研究中心主任 张天柱

2013年11月

Foreword ☞ 前言

　　农业是国民经济的基础，是国家稳定的基石。党中央和国务院一贯重视农业的发展，把农业放在经济工作的首位。而发展农业生产，繁荣农村经济，必须依靠科技进步。为此，我们编写了这套系列图书，帮助农民发家致富，为科技兴农再做贡献。

　　本系列图书涵盖了种植业、养殖业、加工和服务业，门类齐全，技术方法先进，专业知识权威，既有种植、养殖新技术，又有致富新门路、职业技能训练等方方面面，科学性与实用性相结合，可操作性强，图文并茂，让农民朋友们轻轻松松地奔向致富路；同时培养造就有文化、懂技术、会经营的新型农民，增加农民收入，提升农民综合素质，推进社会主义新农村建设。

　　本系列图书的出版得到了中国农业产业经济发展协会高级顾问祁荣祥将军、中国农业大学教授、农业规划科学研究所所长、设施农业研究中心主任张天柱、中国农业大学动物科技学院教授、国家资深畜牧专家曹兵海、农业部课题专家组首席专家、内蒙古农业大学科技产业处处长张海明、山东农业大学林学院院长牟志美、中国农业大学副教授、团中央青农部农业专家张浩等有关领导、专家的热忱帮助，在此谨表谢意！

　　在本系列图书编写过程中，我们参考和引用了一些专家的文献资料，由于种种原因，未能与原作者取得联系，在此谨致深深的歉意。敬请原作者见到本书后及时与我们联系（联系邮箱：tengfeiwenhua@sina.com），以便我们按国家有关规定支付稿酬并赠送样书。

　　由于我们水平所限，书中难免有不妥或错误之处，敬请读者朋友们指正！

编　者

CONTENTS

目 录

第一章 核桃的概述

第二章 核桃的种类与优良品种

第三章 核桃苗的培育

第四章 建园与园地管理

第五章　核桃的整形与修剪

第六章　核桃主要病虫害及防治技术

第七章 核桃的采摘与加工

第一章

核桃的概述

第一节 简介

一、核桃概况

核桃，落叶乔木，核桃科核桃属植物，又名胡桃、羌桃，与扁桃、榛子、腰果并称为世界著名的"四大干果"。全球的核桃属植物约有 23 种，我国有 13 种，占了其中的 56.5%。核桃是我国主要的经济树种之一。

核桃在全球的分布与栽培的范围极广，遍布五十多个国家和地区，如亚洲、欧洲、非洲、大洋洲和北美洲等均有大范围种植，其中以亚洲、欧洲及北美洲的栽培面积与产量为最大。

二、我国核桃分布状况

我国核桃的栽培地域遍及全国，且栽培历史悠久。可以说，核桃是我国经济树种中分布最广泛的树种之一。浅山丘陵区为核桃的主要栽培区，其中的漾濞核桃主要分布在深山坡麓或沟壑部分。从分布性质看，除西藏吉隆与新疆伊犁等地有部分野生核桃林，其他省份的核桃种植都是经过多世代种植或引种栽培的人为分

布，但漾濞核桃种群主体中的野生铁核桃和用它做砧木嫁接改造成的泡核桃都属于自然分布。

核桃的宏观分布状态，除西藏南部、南疆、辽东半岛核桃栽培区处于相对隔绝和表现间断分布，其他各地的核桃和铁核桃的分布状态都表现为迤逦相接呈连续状。

我国核桃分布的北界与年平均温度有明显的关系。以甘肃兰州为中心点，东部的北界与年平均温度8℃的等温线非常接近；而西部的北界则与同年平均温度6℃的等温线大致吻合。

根据实地考察并参阅相关的文献资料，我国核桃分布区的划分主要依据地理气候因素、核桃树体生物学特性和社会经济因素三个方面的条件。

1. 地理气候因素　相关植物学家认为，影响并制约植物分布的首要因素是气候环境，其次就是土壤环境。任何树种的分布，都要受到热量状况的纬度地带性和水分状况的经度地带性的综合影响。通过多因素（纬度、经度、年平均气温、年降水量、海拔、年日照时数、极端最低气温及无霜期八个因子）的主量分析，影响最大的因素是极端低温、纬度、无霜期、海拔和经度。前三者反映的都是气温地带性。

2. 不同生态条件下核桃生长结实表现 核桃物候在不同地区的表现不同，即使同一品种在不同地区的产量也有差异，坚果品质也不同。

3. 社会经济因素 我国果用型的核桃几乎都是人为分布的，所以其生产受经济规律的影响非常大。在核桃栽培良种化之前，一方面核桃结实较晚，坚果产量比较低；另一方面，其有较高的医疗保健价值，产品销售价格相对稳定，同时管理省工，有很强的抗逆性，而且耐贮藏运输。20世纪80年代以后的20年间，核桃的收益相对减少，这主要是因为核桃的品种化程度比较低，核桃园大多是粗放管理，而核桃产品的加工业落后，质量也不过关，因而经济效益低。到21世纪，随着人们对核桃营养保健价值的认识和生活水平的提高，其需求量逐年增加，销售价格也逐渐上升，核桃栽培的经济效益增长较快。因此，核桃分布区的变化就在其种植规模大范围消长的情况下受到很大影响。在经济杠杆的作用下，核桃种植业从以前交通条件较差的浅山丘陵地区逐渐转向交通发达的山区、平原和丘陵。

根据我国核桃的分布现状，分布区的划分遵循以下原则：

（1）主要依据地理气候因素 特别是在大的地貌变化（海拔高、大山南北麓等）影响到气候带和种群生长条件时，更应优先考虑。

（2）照顾行政区域的完整性 适应性较强的核桃属于广域树种。但目前我国行政区的划分并不是完全按照地理气候因素，否则，就会出现分散割裂的小块区域，在实际应用中造成较大影响。因此，对气候、地形没有显著差异的地方，可以用划分亚区的办法解决，以尽量照顾行政区域的完整。

（3）适当的栽培规模 分布区的栽培面积与株数必须达到一定规模，如果只是引种试种或仅有少量栽培面积的地区都不进行分布区的划分。

第二节 核桃的生物学特性

一、核桃的生长周期

核桃树的寿命比较长，有很多几百年生的大树仍然可以结实。如云南省丽江县金庄乡堆美村一株二百年生的核桃树，树体高大（干径 2.7 米，冠径 25.4 米，高 23 米），现在依然保持每年约 500 千克的坚果产量。西藏自治区郎县一株三百多年生的核桃树，至今年结果量仍可以达到 400 千克左右。西藏自治区米林县有一株核桃古树，曾因为火灾被烧成了三杈，现在生长仍然旺盛。

通常情况下，依据核桃在一生中树体的生长发育特征所呈现的显著变化，可将其划分为四个年龄时期。

1. 生长期 从苗木定植到开始开花结实之前，称为核桃的生长期。这一时期的长短，根据核桃的品种或类型的不同会有很大差异。一般的晚实核桃生长期为 7~10 年，铁核桃为 10~15 年，而两者的

嫁接苗生长期也有5~8年；但早实核桃的生长期比较短，一般种后2~3年基本就可以开花结果，甚至有的品种在播种当年就能开花。

生长期的特征是树体离心生长旺盛，树姿直立，一年中会生长2~3次，有时因为停止生长的时间比较晚，会出现越冬"抽条"的现象。

这一时期对核桃的栽培管理，既要注意加强其整体的营养生长，扩大树冠，及时整形并使其尽快形成均衡而牢固的骨架，又要对非骨干枝条进行控制或缓放，促使其提早开花结实。

2. 生长结果期　核桃的生长结果期是指从开始结果到大量结果以前。树体在这一时期生长相对旺盛，枝条大量增加，随着结实量的不断增多，分枝角度也逐渐开张，直到离心生长渐缓，树体基本稳定。晚实核桃的生长结果期是7~20年，铁核桃为12~24年或要更晚一些。

3. 盛果期　果实产量逐渐达到高峰并持续稳定是盛果期的主要特征。早实核桃的盛果期一般为8~12年，晚实核桃是15~20年，漾濞核桃（栽培型）约二十五年生时开始进入盛果期。核桃的盛果期可以持续很长时间。

栽植和管理条件比较好的情况下，核桃的盛果期一般都可以达到几十年，甚至上百年或者更长。盛果期是核桃树一生中产生最大经济效益的时期。这一时期加强综合管理是主要的栽培任务，要保持树体健壮，预防结果部位过分外移，并及时培养更新结果枝组，更新部分衰弱的次级骨干枝，要维持高且稳定的产量，使盛果期的年限尽量延长。

4. 衰老更新期　如果出现骨干枝开始枯死、果实产量明显下降、后部发生更新枝等现象，则表示核桃已经进入衰老更新期。这一时期开始的早晚与品种、立地条件、栽培条件及管理水平有很大关系。晚实核桃和漾濞核桃一般从80～100年开始进入衰老更新期，早实核桃进入衰老更新期相对要早一些。

衰老更新期的初期表现是主枝末端和侧枝开始逐渐枯死，树冠体积缩小，内膛发生较多的徒长枝，并出现向心更新、产量递减的现象。后期表现为骨干枝发生大量更新枝，经过多次更新后，树势明显衰弱，产量也急剧下降，乃至失去经济栽培意义。

这一时期栽培管理的主要任务是在加强土肥水管理和树体保护的基础上，有计划地更新骨干枝，形成新的树冠，恢复树势，以保持一定的产量并延长其经济寿命。

二、核桃各部分特征

1. 根系　核桃属深根性树种，具有强大的主根、侧根及广泛而密集的须根。这种特点在幼苗期间表现尤为明显。一至二年生的树，其主根垂直生长非常快，侧根较少，整体根系呈圆锥形；其地上部分生长比较缓慢，根深要比地上部分多1倍以上。三至四年生的树，其水平根生长加快，迅速向四周扩展。十年生以上的树，其主根可以达到3米深，以后便很少向下延伸，只是加粗生长；这时的水平根延伸较远，一般是树冠半径的2～3倍。成龄树的根系主要分布在30～60厘米的土层中。

从形态结构上看，早、晚实核桃的根系有非常明显的差异。早实核桃有非常发达的侧根与须根，其数量是晚实核桃的 2~3 倍。正是因为早实核桃的须根系非常庞大并有早期分支的特点，所以更有利于吸收矿物营养和利用光能，从而使内部贮藏的物质加速积累，促进花芽分化，为早期结果创造了有利条件。

核桃根系的生长状况与树龄、土壤种类、肥水条件、树势以及修剪程度有非常密切的关系。要想使核桃生长好、结果多且寿命长，平日就必须注重土壤肥培管理，为根系生长创造一个良好的环境。

2. 芽

（1）芽的种类　根据芽的形态、构造以及发育特点等，可将核桃芽分为混合芽、叶芽、雄花芽、潜伏芽；按每节芽数目的多少，可分为单芽和复芽；按芽的着生位置，可分为顶芽和腋芽。

①混合芽。芽体肥大，近似圆形，紧包着鳞片，萌发后就会抽生结果枝。晚实核桃通常在一年生的枝条顶部着生，多为 1~3 芽，单生或与叶芽、雄花芽上下呈复芽状生于叶腋间。早实核桃的混合芽除顶芽，大多数都是腋芽，一般有 2~4 个，最多的可以达到 20 个以上。

②叶芽（又叫营养芽）。晚实核桃的叶芽一般着生在雄花芽以上、混合芽以下或与雄花芽上下呈复芽着生。叶芽有棱，呈阔三角形，顶生的叶芽较肥大，但和顶生的混合芽相比其芽顶较尖，鳞片相对疏松。侧生的叶芽多为圆形，仿佛小豆子，在一个枝条上多为由下到上渐次增大。一个枝条中上部的叶芽可以长成发育枝。

③雄花芽。核桃的雄花芽是裸芽，实际就是雄花序，通常在一

年生枝条的中部或中下部着生，多为单生或叠生，顶部稍细，似桑葚，呈圆柱形，经膨大伸长后形成雄花序。

④潜伏芽（又叫休眠芽）。从其发育性质看，潜伏芽属于叶芽的一种，只是正常情况下潜伏芽都不萌发，只是随着枝条加粗生长而埋伏于皮下，寿命可达数百年。这种芽多在枝条的基部或中部着生，基部的大多为单生，中部的多为复生，位于叶芽或雄花芽的下方。一般营养枝和结果枝上都会有2~5个潜伏芽，徒长枝上会稍多一些，可达6个以上。潜伏芽瘦小，呈扁圆形，当枝干的上部遇到刺激或遭到破坏时，其就会萌发成枝，有利于更新复壮树势。

（2）芽的发育 核桃芽的发育会因为各地物候期的不同而有所不同，现将混合芽和雄花芽的发育过程简述如下：

①混合芽。随着新梢的生长，4月下旬在叶腋间开始形成小芽体，并逐渐膨大，到6月上中旬即可形成新芽，为绿色，秋季落叶后，便进入休眠期。第二年4月上旬，当日平均气温保持在8℃以上时，开始萌动膨大，外层的两对硬鳞片开裂后脱落，露出佛手形状的复叶原始体。4月中下旬新梢开始生长，至4月底5月初，新梢顶端会出现雌花序。早实核桃的芽具有早熟性，一年可以开花2次，并结2次果，有的甚至能开3次花，但这种情况下不容易坐果。有时在二次枝的下部会形成多花多果，上部形成二次雄花，散粉后脱落。

②雄花芽。一般在5月中旬开始出现，圆形，非常小，鳞片不明显，5月下旬逐渐膨大伸长呈圆柱形，长6~7毫米，粗4毫米左右，呈比较明显的鳞片状，为绿色。10月底落叶后，会变成暗褐色或绿褐色，随之进入休眠期。第二年4月中下旬，当气温稳定在每日平均8.5℃以上时，开始萌动膨大，从基部开始向上由暗褐色变成

绿色，以后继续伸长成为雄花序。

3. 枝

（1）枝条的种类 核桃的一年生枝条分为结果枝和营养枝两类。

①结果枝。是指混合芽萌发后，形成开花结实的枝条。晚实核桃的结果枝一般在树冠外围的顶梢上着生，内部比较少。因品种、树龄、立地条件、栽培措施的不同，结果枝的长短与数量也会有所不同。早实核桃品种的结果枝要比晚实核桃品种的结果枝多且短；通常情况下，初结果期的树、生长势旺盛的树，其结果枝少而长；盛果期、衰老期的树及生长势中庸的树，其结果枝多而短。

核桃是在壮枝和强枝上结果的，粗度在 1 厘米以上的枝通常能坐 2~4 个果，粗度在 0.8~1.0 厘米的枝则可坐 1~3 个，如果枝条的粗度在 0.8 厘米以下就会坐果比较少。晚实核桃结果枝的粗度大多在 0.7 厘米以上；早实核桃的结果枝可粗可细，粗的能达到 1.5 厘米以上，细的多在 0.5 厘米以上。但不管是早实品种还是晚实品种，只有较粗壮的果枝才能结出个大、出仁率高的优质果。

②营养枝。凡是不开花结果而只长叶的枝条叫做营养枝。主要有五种枝型。

a. 发育枝：由上年枝条上的叶芽发育而成，是扩大树冠增加营养面积和形成结果枝的基础。正常情况下，发育枝要长于结果枝。盛果期的大树或生长中庸的大树，其健壮的发育枝，大多能形成混合芽，第二年就可以抽生果枝并开花结实；而生长细弱的短小的内膛枝，往往会出现枯死现象，通常不能开花结果，即使交替结果，有时开花后也会因为营养不足而很快脱落。

b. 中间枝：一般多在树冠内部着生，在树势衰弱或光照不足的情况下，每年展叶后不到 1 周生长就会停止，枝条一般很短，如果树势由弱变强，就可以转化为混合芽而开花结果。

c. 徒长枝：是由潜伏芽抽生的，往往因为受到某些刺激而萌发。有时如果局部失去平衡，也可能使中长枝转为徒长枝。徒长枝大多着生在内膛，数量过多，很容易消耗整棵树的养分，如果控制得当，可以形成结果枝组。老树上的徒长枝可用来更新树冠，延长树木的结果寿命。

d. 二次枝：是早实核桃春季开花后顶部又抽生的枝条。一般在生长旺盛的发育枝上可抽生二次枝，有的甚至能抽生三次枝。生长旺盛的晚实核桃也可抽生二次枝，但通常比较少。二次枝大多长20~50厘米，最长的能达到130厘米以上。晚实核桃的二次枝只能形成发育枝，而正常情况下早实核桃的二次枝可以形成结果母枝。

e. 雄花枝：也叫光秃枝，是指着生雄花的枝条。大多都是短枝型，顶芽萌发不久就会脱落，其余的雄花开放后脱落，使整个短枝形成光秃状态，一般在越冬后会枯死。通常在枝势极度衰弱、树冠郁闭严重时，这种枝会较多。

（2）新梢生长　新梢的生长方面，核桃每年有两次生长高峰，可以形成春梢和秋梢。新梢出现是在春季开始萌芽长叶时，随外界气温的升高，新梢生长加快，5月上旬就可达到生长高峰，日生长量有3~4厘米，6月上旬停止第一次生长。短枝和弱枝一次生长结束后形成顶芽，没有秋梢。旺盛的发育枝和结果母枝，都可能出现第二次生长，形成秋梢。徒长枝或过旺的枝条在夏季生长不停，或者生长缓慢，因此其春秋梢分界并不明显。早实核桃有较强的分枝能力，发枝率可达30%~40%，这是其与晚实核桃的重要区别之一，也是早实、丰产的重要特性之一。

4. 叶　核桃为奇数羽状复叶，树龄大小、枝条类型都决定着枝条上着生复叶数量的多少。正常的一年生幼苗有复叶 16~22 个，二年生以后会有所减少，到结果初期之前，营养枝上通常有 8~15 个，结果枝有 5~12 个。结果盛期以后，因为果枝大量增加，所以复叶数一般是 5~6 个，内膛的细弱枝上只有 2~3 个。枝条和果实的发育情况受复叶数量多少的影响很大，一般着生 2 个核桃的结果枝，要有正常的复叶 5~6 个或更多，才可以保证枝条和果实的发育以及其连续结果。另外，背下枝和徒长枝上的复叶数量相对较多，通常在 18 个以上，有的最多能达到 28 个。

正常情况下，核桃的复叶上有 3~9 片小叶，一年生的幼苗的小叶多为 9 片，以后则为 7~9 片，结实以后 5~7 片的情况较常见，偶尔也会有 3 片的情况。叶片从顶部向基部逐渐减小，在结果盛期以后这种变化最为明显。

在叶芽或混合芽开裂以后的数天，能见到着生灰白色茸毛的复叶原始体。约 5 天以后，随着新枝的出现与伸长，复叶陆续展开。再过 10~15 天，大部分复叶便都会展开，并且由下而上迅速生长。40 天左右，新枝形成和封顶以后，复叶也长大成形。10 月底叶片变黄脱落，气温较低的地区落叶会比较早。

5. 花

（1）花器　核桃为雌雄同株异花，异序（偶尔有同序、同花），是单性花。

①雄花。一般在二年生枝的中部和中下部着生，花序的平均长

度为 10 厘米左右，最长的可以达到 30 厘米以上。每个花序有 100~180 朵小花，其长度跟雄花数不成正比，而与花朵大小成正比。最大的雄花一般在基部，雄蕊也较多，越靠近前端越小，雄蕊也逐渐减少。每个雄花有基部联合的萼片 6 裂，雄蕊 12~35 枚，花药为黄色，花丝极短。有两室，每室约有 900 粒花粉，一个花序大致可以产 180 万粒花粉，重 0.3~0.5 克。据调查，五十至七十年生的树着生花序 2000~3000 个。通常雄花序比雌花多 7~8 倍，产生 50 亿~2000 亿粒花粉，其中约 25% 的花粉有生活力。当温度超过 25℃ 时，花粉会败育。

②雌花。为总状花序在结果枝顶部着生。着生方式有单生，如花序上只有 1 朵花或 2~3 朵小花簇生，抑或 4~6 朵小花簇生；葡萄状着生，如有 10~15 朵小花，最多可达 30 朵；串状着生，有 10 朵左右小花，最多能达 18 朵。雌花大多数是 2~3 朵簇生，没有花被，子房的外面合围着一个总苞，上部有萼片 4 裂。子房内有 1 个直立胚珠，有 2 层珠被，内珠被退化。子房上部有 1 个两裂的羽状柱头，表面凹凸不平，有很高的湿度，有利于花粉发芽。子房下位，有 2 个心皮、1 个心室，核壳由子房外、中、内壁形成。

早实核桃的二次花在新枝顶部着生，有三种类型的花序：一种是雌花序，只着生雌花，花序比较短，长 10~15 厘米；第二种是雄花序，相对长些，一般为 15~30 厘米；第三种是雌雄混合花序，下半部是雌花，上半部为雄花，花序最长的可达 40 厘米。另外，在上述三种花序中也会有两性花出现的情况。

（2）开花 核桃的雌花与雄花并不在同一时间开放，这种现象称为"雌雄异熟"。通常可分为三种类型，即"雌先型""雄先型""同期型"。我国目前的很多结果大树都是实生繁殖的，花期很不一致，所以配置授粉树是栽植时应当考虑的一大问题。根据河北省井陉县 1982~1983 年调查的结果，上述三种类型树的自然坐果率有很大差别。

①雌花的开放特点。春季混合芽萌发后抽生结果枝，雌花开始在结果枝的顶端显露，这时的特点是露出幼小子房，二柱头合拢，没有授粉受精能力。5~8 天后为始花期，表现为子房逐渐膨大，柱头开始向两侧张开。当柱头呈倒八字形张开时，柱头的正面突起，分泌物增多，这时即为开花盛期，此时接受花粉的能力最强，是最佳授粉时期。此后，柱头表面的分泌物开始干涸，逐渐反转，授粉效果较差，称为雌花末期。再以后，柱头枯萎变褐色，失去授粉能力。

②雄花的开放特点。春季雄花芽伸长膨大，由褐变绿，12~15 天后，花序达到一定长度，基部的小花开始分离，萼片开裂，显出花粉。再过 1~2 天，基部的小花开始散粉并向前端延伸，这时就是散粉盛期，一般能持续 2~3 天，散粉最快的时期通常为中午气温最高时。自然条件下的花粉寿命很短，只有 2~3 天，发芽率也比较低，放在雄蕊柱头上 4 小时后，发芽率仅为 5%~8%。雄花序会在雄花散粉完以后变黑脱落，此时是散粉末期。散粉期如遇阴雨、低温、大风等天气，将对散粉和受精产生不良影响。

（3）授粉与受精　由于核桃是雌雄同株，异花异熟，所以它是异花授粉，风媒传粉。地势、风向等因素对花粉传播距离的远近有直接影响。一般情况下，核桃花粉传播距离的最大临界值是 500 米左右。曾有专家测定，雌花接受花粉的粒数与授粉树的距离成反比。

核桃雌花的柱头表面可以产生大量分泌物，为花粉萌发提供了必需的营养基质。据观察，授粉后 4 小时左右，能在柱头上萌发出花粉管，进入柱头 16 小时后就可以进入子房组织，36 小时后达到胚囊附近。双受精过程通常在授粉约 3 天后就可以完成。

另外，核桃还会出现孤雌生殖的现象。比如，据山西省林业科学研究所 1985～1987 年在汾阳县核桃良种园的调查结果，晋龙 1 号、晋龙 2 号品种雌花在雄花开放半月后盛开，此时的雄花序早就枯干，周围 300 米内的核桃树没有到达可散粉的成龄期，但后来，这些雄花早就干枯的核桃树却坐果累累，这就说明该品种的孤雌生殖能力比较强；再如，陕西省扶风县曾有一棵无雄花的核桃幼树也能结果的情况；1978 年，河南省济源县在愚公林场观察到，有的品种能孤雌生殖。另外，新疆林业科学院近年来做了很多关于孤雌生殖方面的调查研究，发现有些核桃品种在不经历授粉受精的情况下，也可以结出有繁殖能力的种子。因此，选育一些具有孤雌生殖能力的优良品种具有重要意义。

6. 果实

（1）果实的类型　我国核桃果实的类型很多，其不同之处主要表现在果实的大小、形状、表面特征、果柄长短等方面。

一般情况下，果实的三径平均为 4～5 厘米，最大可达 6 厘米，最小的不到 3 厘米。因核桃的品种、栽培条件、结果多少、果实着生部位不同，果实的大小也会有变化。比如，晋龙 1 号、西林 2 号、西林 3 号等较大，丰辉、中林 5 号较小。即使是同一个品种，如果栽培条件好，果实就大。一株核桃树上，如果结果数量少，果实就大，反之则小。一般的大果品种要比小果品种的坐果率低一些，而且单果比例较大。

核桃果实的形状多种多样，华北、西北地区所产的核桃多为圆形或卵圆形，新疆核桃多为长圆形或椭圆形。

区别核桃品种的另一个依据是看果实的表面有无茸毛、果点的大小和其稀密程度等。比如，扎343品种的茸毛比较少，果点稀疏，看起来光亮；而晋龙1号、晋龙2号则茸毛较多，果点密且多。

核桃果柄的长短根据品种的不同也不同，大多数是2~5厘米，最长的可以达到12厘米，最短的只有0.5厘米。果柄的长短影响着核桃的抗风能力，一般果柄长的抗风能力不如果柄短的。

（2）果实的发育 核桃果实的发育期是指从雌花柱头枯萎开始到外果皮变黄开裂、果实成熟为止。外界生态条件不同，果实的发育期长短自然不同，北方核桃需要110~130天可以完成果实发育，而南方约需170天。核桃果实发育有两个速长期和一个缓慢生长期，果实的生长动态呈双S形曲线。

①速长期。一般花后6周是果实的速长期，这一时期也是果实生长最快的一段时间，此时的日平均绝对生长量达1.1毫米，总生长量约占全年总生长量的85%。

②果壳硬化期。也叫硬核期，此时的核壳开始从基部逐渐向顶部形成硬壳，呈浆状物的种仁变成嫩白核仁，这一时期果实的大小基本定型。

③种仁充实期。也称油化期，是指从硬核到果实成熟期，此时果实各部分已达到该品种应有的大小，淀粉、碳水化合物、脂肪含量会有所变化。

根据河北农业大学在保定做过的观察，核桃果实速长期一般在 6 月中旬基本结束，从 6 月中下旬到 6 月底是核桃子叶分化完毕至果实大小基本定型的时期。这时核壳已经硬化，子叶进一步发育，真叶开始分化。过了硬壳期之后，果实大小会略有增加，脂肪含量迅速增长，直至采收期。9 月中下旬，种仁变硬，总苞开裂。

近年来我国各核桃产区普遍有采收过早的现象发生，这极大地影响了核桃仁的品质。河北农业大学在保定做的测定结果表明：核果在 6 月上旬仅积累了少量脂肪（4%~10%）。脂肪含量随着果实的发育而不断上升，在 7 月上旬可以达到 20%~35%，8 月上旬到 45%~59%，9 月上旬达 50%~68%，这说明核果所含的脂肪主要在后期形成和积累。

核桃果实会在速长期出现落果现象，而且这种现象比较普遍，称为"生理落果"。据辽宁省和陕西省的观察结果，核桃的自然落果率为 30%~50%。河北农业大学曾有试验，各单株类型不同，其落果率就会有很大差别，高者可以达到 60%，低者只有 10%。这跟年份、植株生长状况以及授粉等也有密切关系。另外，据调查，一年中核桃有 3 次落果。

在正常的自然授粉条件下，早实核桃的落果率会高于晚实核桃。早实核桃因品种不同，其落果率也有差异，有的能达到 80%，有的只有 10%~20%。

早实核桃二次果的发育，从 6 月上旬开始，成熟期与一次果相同或稍晚。生产上一般不保留二次果，因为这一时期产的果实很小，很多时候外表是畸形的。

一、喜温凉气候

　　核桃是喜温树种，在温凉气候条件下，生长结果的状况才会比较好。年平均温度在9~16℃是普通核桃适宜生长的温度范围，它能适应的极端最低温度为-25~-2℃，极端最高温度是38℃，有霜期150天以下。核桃幼树在-20℃的条件下就会发生冻害，成年树虽然可以耐-30℃低温，但如果低于-26℃时，其雄花芽、叶芽及枝条就很容易受到冻害。核桃的种植区域在我国分布很广，除北方严寒地带和长江中下游地区比较少见，其他各地均有，其中山东、陕西、云南、河北、新疆、山西等为集中产区。延安以南海拔700~1400米范围内、陕西省秦岭（东起商洛，西至凤县）以北海拔600~1600米范围内是核桃的适生区。

二、喜光树种

　　幼年时期的核桃树稍耐庇荫，成年树则需光照充足。光照对核桃的生长、花芽分化及开花结实有重要影响。核桃树在结果期对光照的要求是全年日照时数在 2000 小时以上，如果不足 1000 小时，就会出现核壳发育不良的问题。如果在雌花开放期有充足的光照，那么会明显提高其坐果率。若遇到低温、阴雨等天气，则很容易造成落花落果的现象。通常核桃园边缘的植株生长结果的状况会较好，同一植株的外围枝结果就要比内膛枝多，也是光照不同所致的。所以在核桃生产中要注意栽植密度和适当修剪，以确保树冠通风透光。

三、喜深厚疏松的土壤

核桃属深根性树种，有庞大的根系，一般需要 1 米以上的深厚的土层，以确保其生长发育良好。同时核桃根系的生长特点还决定了土壤要质地疏松，具有良好的保水透气性。核桃主根可以达到 3.5 米，侧根分为三层：第一层在 60 厘米以上，这一层主要提供核桃树在春秋两季所需要的养料和水分；第二层为 60~120 厘米，夏季主要靠此层根吸收养分和水分；第三层是 120~350 厘米，这一层主要在特别干旱时为核桃提供养分和水分。核桃树的蒸腾作用比较强，一株中龄树，夏天连同树冠下的杂草每日可蒸腾 100~150 千克的水，因此，其对水分的吸收也必须满足其蒸腾对水的需要。

核桃最适宜的土壤 pH 为 6.5~7.5，也就是说，核桃的最佳生长土壤是中性或微碱性的。土壤含盐量宜在 0.25% 以下，即使稍微有所超过也会影响核桃的生长结果。核桃喜钙，在含钙的微碱性土壤上生长良好。

四、需良好的通气条件

民间有"核桃怕草荒，荒三年就死"之说，说明核桃怕草荒、土壤板结、草根盘结。这是因为荒草会与核桃争水、争肥，而土壤板结就会导致通气不畅。所以，常年或季节性积水地不宜栽植核桃。

五、对水分的要求

降水分布均匀的地区，如果降水量在 600~800 毫米，只要搞好水土保持工程，不灌溉也可基本满足核桃对水的要求。

核桃能耐比较干燥的空气，但对土壤水分状况则比较敏感，土壤过干或过湿都会影响其生长发育。长期晴朗、日照充足、干燥和昼夜温差较大的环境，对核桃的开花结果比较有利。土壤干旱会影响根系吸收和地上部枝叶的水分蒸腾，从而影响其生理代谢，甚至提早落叶；如果前期干旱和后期多雨，则会引起幼壮树的徒长，导致其在越冬后出现抽条干梢的情况；如果土壤水分过多、通气不良，就会导致根系的生理功能减弱，使树木生长不良。核桃园的地下水位应在地表 2 米以下，所以在容易积水的地方要及时进行排水。

另外，在山地种植核桃宜栽植到背风向阳处，通常山坡基部的土层深厚、水分状况良好，要比山坡中部和上部生长结果好。

第四节　核桃的价值

一、枝叶及树体的作用

核桃树的树叶中含有多种化学成分，风干后除了可以用作饲料，还具有一定的医疗价值，常被用来治疗伤口、皮肤病及肠胃病等。

核桃树的树干挺立，树体高大，树冠枝叶繁茂，多为半圆形。除了可以吸收二氧化碳和净化空气，它还有较强的拦截烟尘的能力，所以常被用作行道树和观赏树。

核桃树的根系非常发达，分布深且广，一棵树可以固结大片土壤，缓和地表径流，起到防止冲刷侵蚀的作用，所以它是绿化荒山、保护水土的优良树种。

核桃树的木材质地细韧，色泽淡雅，花纹美丽，打磨以后则光泽怡人，所以可以将其染上各种色彩，用来制作高级家具、高档商品包装箱和乐器等。

核桃树的枝条除可以用作薪柴，近年来经过证明，还有一定的医疗用途。如与枝条一起煮的鸡蛋，具有一定的药用价值；用枝条的制取液加上龙葵全草制成的核葵注射液，对甲状腺癌、宫颈癌等

有不同程度的疗效。在中医验方中，核桃树皮可以单独熬水用来治疗瘙痒；如果将其与枫杨树叶一起熬水，还可以治疗肾囊风等。核桃青皮里含有单宁，可以制栲胶，用于印染、制革、纺织等行业。此外，核桃青皮中还有某些药物成分，在中医验方中，称其为"青龙衣"，可以治疗一些皮肤病及胃病等。

青皮的浸出液可以防治蚜虫和象鼻虫，其残渣含有蛋白质等营养成分，可做家畜饲料。核桃壳可以制作高级活性炭，也可以用于油毛毡工业及石材打磨，还可磨碎做肥料。

二、果实的营养、保健与药用价值

1. 营养成分　据测定，核桃的果仁含有异常丰富的营养，每100 克干核桃仁中含水分 3~4 克，含脂肪 50~64 克，蛋白质 15~20 克，粗纤维 5.8 克，碳水化合物 10.7 克，铁 3.2 毫克，磷 329 毫克，钙 108 毫克，碘 1.5 毫克，维生素 $B_2$0.11 毫克，胡萝卜素 0.17 毫克，烟酸 1.0 毫克。同时，核桃仁还含有维生素 E，以及钾、硒、锰、锌等元素。就营养成分来说，核桃的营养价值是花生的 6 倍，大豆的 8.5 倍，肉类的 10 倍，鸡蛋的 12 倍，牛奶的 25 倍。

2. 保健与药用价值　作为保健果品的核桃很早就被人们所认识，我国人民称它是"长寿果""万岁子"，国外称它为"大力士食品"。清代王士雄在其《随息居饮食谱》中评价核桃是"甘温、润肺、益肾、利肠、化虚痰、止虚疼、健腰脚、散风寒、助痘浆、已劳喘、通血脉、补气虚、泽肌肤、暖水脏……果中能品"，其记述深刻而全面。在如今的保健食品中，如果加入一些核桃，其售价就会倍增。

（1）健脑 核桃仁含有大量的不饱和脂肪酸，能促进脑神经细胞的活力并增强脑血管的弹力，从而提高大脑的生理功能。同时，核桃含有较高的磷脂，可以维护正常的细胞代谢，增强细胞活力，从而防止脑细胞的衰退。在日本，有营养学家倡导学龄儿童每天吃2~3个核桃，对那些焦躁不安、少气无力、厌恶学习和反应迟钝的孩子会有较明显的帮助。

（2）降低胆固醇 核桃中不饱和脂肪酸的不饱和双键可与其他物质相结合，其中的亚麻酸和亚油酸可以使高密度脂蛋白水平上升，并把胆固醇运送到肝脏进行代谢以排出体外，从而起到降低血液中胆固醇含量的作用。而且，食用核桃油还可以预防高血压、血脂异常、糖尿病、肥胖症等多种常见的"富贵病"。

（3）美容益寿 核桃中有大量的维生素 E，能很好地增强人体细胞的活力，对防止动脉硬化、延缓衰老有独到之处。核桃对每个年龄段的人都有营养保健、滋补养生的功能。孕妇在妊娠期间常吃核桃，有助于胎儿骨骼发育良好；儿童、少年食用能增强记忆力，保护视力，并有利于生长发育；青年食用可使肌肤光润，并能减轻疲劳，使精力易于恢复；中老年人每天适当服用核桃仁能软化血管，减少肠运动对胆固醇的吸收，对预防高血压、冠心病、动脉硬化、血管栓塞等心血管疾病有积极作用，有助于保心养肺，益智延寿。

此外，核桃中还含有大量人体不可缺少的微量元素，如锌、锰、铬等，这几种微量元素与保持心脏的健壮、维持内分泌的正常功能

以及人体的抗衰老都有着密切的关系。因为核桃在保健与医疗方面有良好的作用，所以人们在长期的实践中总结出了很多核桃药膳和以核桃为主的治疗药剂。据不完全统计，以核桃为主的药剂涉及神经、消化、呼吸、泌尿、生殖等系统以及五官、皮肤等科的十三大类上百种疾病，充分显示了其作为医疗保健食品的广阔发展前景。近年来从核桃油中提炼健脑素的工艺不断发展，进一步增加了核桃的需求量。

另据科学调查表明，由于长期食用核桃产品，特别是核桃油，地中海沿岸居民的很多身体健康指标都居于世界前列。

三、市场销售情况

核桃是我国传统的出口商品，1921年出口数量就达到6710吨。20世纪60年代，我国核桃取代印度核桃进入英国市场，进而又占领了法国市场，形成很长时间的中国与法国、意大利三国核桃鼎立的局面。到20世纪70年代，我国出口的核桃占世界核桃贸易量的50%以上，位居世界第一，出口的带壳核桃占法、英两国市场的85%。1986年后，因为我国核桃品质出现优劣混杂、大小不均、外观欠佳等情况，质量上很难与国外产品相抗衡，所以我国核桃出口量急剧下降，从最初的上万吨降到几百吨，到1990年以后，我国的带壳核桃几乎被挤出欧洲市场。目前除云南的带壳核桃还销往中东市场，北方带壳核桃每年会销往韩国几百吨，其他国外市场已经再也没有中国的带壳核桃了。

2004 年，美国核桃出口量占世界核桃贸易总量的 60%，而我国仅为 7.77%。因为国内销量逐年增加，目前甚至这些出口任务也较难完成。由于我国出口核桃的品质相对较差，平均售价只有 1267 美元/吨，而美国的平均售价为 2130 美元/吨，也就是说，美国核桃的售价平均每吨要高出我国核桃 863 美元。目前，我国果树平均株产不足 2 千克，而美国高达 30 千克。尤其近 10 年来，美国核桃因品种划一、外观整齐等优势大量倾销国际市场，对我国核桃的外销构成很大威胁。所以，尽快提高和改善我国核桃品质，重新占领国际市场，已成为核桃生产中亟待解决的问题。

核桃是我国人民的传统食品，也是世界各国人民喜爱的食品。多年来，鉴于人类生存环境的恶化，人们对健康与健脑食品的需求递增，核桃一直是世界贸易中的紧俏货，供不应求。据联合国粮农组织的调查结果，目前核桃的全球消费需求量约为 140 万吨，而生产量仅为 85 万吨，缺口近三分之一。预计未来 30 年间，核桃需求量将以年均 10% 的速度增长。

近几年我国核桃的产量稳定在 25 万吨，人均占有量平均不到 0.2 千克，而市场销售量仅占总产量的 50% 左右，即实际人均消费量不足 0.1 千克，是美国人均消费量的十分之一左右。产品严重供不应求，导致一些地区和一些人群常年吃不上核桃；而同时很多人因对核桃的营养和保健作用认识不足，即使当地不缺核桃，他们也没有吃核桃的意识。另外，随着核桃深加工业的兴起，需要大量的核桃作为原料。

由此可见，核桃生产有着广阔的市场前景，尤其是优质核桃的生产前景看好。而核桃新品种有极大的增产潜力。据悉，我国某处核桃生产经营管理局的 81 亩（1 亩 = 666.7 平方米）香玲核桃丰产园，平均亩产量可达 200 千克，其中有 8.1 亩高产园的平均亩产量竟高达 300 千克，产值为万元左右。所以，在我国进行核桃的品种化、规范化和集约化栽培，具有广阔的发展前景。

第二章

核桃的种类与
优良品种

第一节 我国核桃品种的选育过程

提高核桃产量和品质的最佳途径是选育推广优良品种，这也是核桃产业发展的总趋势。我国的核桃栽培历史源远流长，但选（育）种工作起步较晚。我国对核桃进行资源调查是从 20 世纪 50 年代才开始的。60 年代开始进行国内引种栽培。大面积选优是 70 年代开始的。80 年代随着嫁接技术的改进，各科研单位开始培育和推广新品种，普及推广增产技术。现在，我国已选育出各类优良品种 60 多个。

1959 年，在北京林学院王林教授的倡导和推动下，我国核桃种植方面开展了新疆早实核桃良种引进工作，全国各核桃产区相继引种。经过多年栽培、观察、选择和研究，我国对新疆核桃的生物学、生理生态特征有了深入了解。各地纷纷从引进的类型或株系中选育出一些适合在当地生态环境下栽培的优良品种和株系，如山东省选出的"元丰""上宋 6 号"等，北京选出的"薄壳香""北京 861"，河南选出的"绿波"等，都是我国栽培的主要品种。

我国进行核桃的国外引种工作主要是从 20 世纪 80 年代开始的，中国林业科学研究院等单位从欧美地区引入维纳、爱米格、强特勒、希而等品种。20 世纪 90 年代后期，陕西省林业科学院从罗马尼亚引进 Sibisel 44、Geoagiu 65 等 9 个品种。

辽宁省经济林研究所和中国林业科学研究院等单位在核桃的选优工作上开展较早，其科研人员于 20 世纪 60 年代初，分别在辽宁、山西等地进行了大量的核桃选优工作，并选出了若干优良株系。70 年代开始，山东省果树研究所、西北林学院、北京林业果树研究所、陕西省果树研究所、新疆林业科学院、河北农林科学院昌黎果树研究所、云南省林业科学研究所、山西省林业科学研究所等单位相继在本省（地区）进行了较全面的核桃选优工作，分别选出了适合在当地栽培的优良单株或优良品种，如山东省果树研究所选出的历 59~126、历 60~307 等鸡爪绵核桃，辽宁的 7103，陕西的西扶 2 号，山西的晋龙系列核桃和晋绵系列核桃，新疆的新早丰等都已经在当地或其他地区推广。

在引种和选优的基础上，我国各地核桃种植区积极开展人工杂交育种工作。其中，辽宁省经济林研究所开始此项工作较早，于 20 世纪 60 年代中后期开始进行，至今通过杂交，选育出辽宁 1 号、辽宁 3 号、辽宁 4 号、赛丰等优良品种；山东省果树研究所先后杂交培育出香玲、丰辉、鲁光、岱香等优良品种；中国林业科学研究院杂交培育出中林 1 号、中林 3 号、中林 5 号等优良品种。这些品种通常都具有结果早、早期丰产性强、果壳薄、取仁容易、出仁率高、品质优良等特点。下面我们介绍一下核桃的几种分类，以及普通核桃与漾濞核桃的部分优良品种。

第二节 核桃的品种分类

发展核桃产业的基础之一就是核桃的品种选择，但在实际应用中，根据核桃的不同特性，其品种可以有以下诸多分类。

一、按核桃起源分类

按核桃品种的起源可分为新疆核桃、华北山地核桃、西藏高地核桃、泰巴山地核桃。

二、按核桃用途分类

1. 食用核桃　指主要用来供消费者食用的核桃。

2. 文玩核桃　是指对核桃进行一定的特型与特色的选择和加工后，形成的具有玩赏和收藏价值的核桃。根据产地和种类的不同，可以把文玩核桃大致分为楸子核桃、麻核桃、铁核桃三大类。

食用核桃和文玩核桃的主要区别在于其经济性状，前者强调可食性；后者则以壳厚纹理丰富为佳，强调赏玩性。

三、按核桃种壳薄厚分类

按核桃种壳薄厚可分为纸皮核桃类、薄壳核桃类、中壳核桃类、厚壳核桃类。

1. 纸皮核桃类 指壳厚在 1.0 毫米以下的核桃，其内褶壁膜质或退化，可取整仁，出仁率为 60%~65%，是仁用价值较高的核桃类型。

2. 薄壳核桃类 指壳厚 1.1~1.5 毫米的核桃，其内褶壁革质或膜质，可取半仁或整仁，出仁率为 50%~59.9%，是当前果用商品核桃的主要类型。

3. 中壳核桃类 指壳厚 1.6~2.0 毫米的核桃，其内褶壁革质或膜质，取仁较难，可取四分之一或半仁，出仁率为 40.1%~49.9%。

4. 厚壳核桃类 指壳厚通常在 2.1 毫米以上的核桃，内褶壁骨质化的也称"夹核桃"，只能取碎仁，出仁率在 40% 以下。

四、按结实早晚分类

按结实早晚可分为早实核桃、晚实核桃。

第三节 普通核桃品种

核桃属于核桃科核桃属。核桃科共有 7 个属，约 60 个品种，其中我国有 18 个品种。目前主要用于经济栽培的只有核桃属和山核桃属 2 个属。其中核桃属约有 20 个品种，多在亚洲、欧洲和美洲分布。我国栽培核桃属最多、分布最广的主要有 2 个品种，即普通核桃和漾濞核桃，此外还有其种间杂交品种。山核桃属约有 21 个品种，主要产于北美，其中有一个品种原产地是我国。目前我国栽培的山核桃属的品种主要是山核桃和和薄壳山核桃，多分布在浙江、安徽及云南等地。

按实生苗结果的早晚，可以把普通核桃分为早实核桃（2~4 年）和晚实核桃（5~10 年）。早实核桃适合密植丰产栽培，这是因为其具有结果早、侧生混合芽的比例高、易丰产等特点。选育早实核桃品种的工作进展也较快，我国首批 16 个早实核桃优良品种已通过区域试验，并发展了一些早实核桃的丰产试验园。但早实核桃的抗性较差，所以需要有较高的栽培管理水平，否则大量结果后树势容易衰弱，极易遭受病害。晚实核桃进入结果期较晚，但适应性较强，经济寿命较长，近年来也选育和引进了一些优良品种。

我国普通核桃的发展应以晚实品种为主，在立地条件较好、管理水平较高的地方，可适当发展一些早实核桃品种。

一、晚实核桃品种

1. 清香　是日本清水直江从晚实核桃实生群体中选出的品种，于 1948 年登记，1983 年被河北农业大学引进我国。目前在我国大部分核桃产区均有栽培，表现良好。其坚果呈圆锥形，单果平均重约14.3 克，大小均匀。壳皮淡褐色，比较光滑，外形美观，缝合线紧密，耐漂洗，壳厚约 1.2 毫米。内褶壁退化，取仁容易，出仁率52%~53%。种仁饱满，仁色浅，味香，不涩，大小均匀。种仁含蛋白质 23.1%，粗脂肪 65.8%，碳水化合物 9.8%。

树体大小中等，树姿半开张，雄先型。幼树生长较旺，树势在结果以后逐渐稳定。丰产性好。河北地区 4 月上旬萌芽、展叶，4 月中旬雄花盛期，4 月中下旬雌花盛期，9 月中旬果实成熟，11 月初落叶。该品种抗寒、抗晚霜、抗病性均很强，宜在华北、西北等地的丘陵山区栽培。

2. 晋龙1号　山西省林业科学研究所于1990年从汾阳县晚实实生核桃中选出，1991年定名。2001年通过山西省林木品种审定委员会的审定。主要栽培于山西、山东、北京、江西等地。坚果近圆形，果顶平，果基微凹，平均果重约14.8克。壳面较光滑，有小麻点，缝合线窄而平，结合较紧密，壳厚1.09毫米左右。内褶壁退化，易取整仁，出仁率61%左右。核仁平均重9.1克，充实饱满，乳白色，味香甜。

嫁接树第3~5年开始结果，10年后进入盛果期。树姿较直立，节间长。发芽较晚，雄先型品种，较丰产。此品种适应性强，抗病性强，开张角度至85°。因抗寒、耐旱，适宜在华北、西北等地的黄土丘陵区及山地林粮间作栽培。

3. 晋龙2号　1994年由山西省林业科学研究所选育并命名。2001年通过山西省林木品种审定委员会的审定。圆形坚果，平均重约15.9克。壳面色浅、光滑，壳厚约1.22毫米，缝合线窄而平，结合紧密，易取整仁。核仁平均重9克，出仁率56%。核仁充实饱满，乳黄色，风味优良。

正常情况下，嫁接树在第 4~5 年开始结果，8 年后进入盛果期。树势旺盛，树姿较开张，小枝比较粗壮，呈深褐色，节间长。为雄先型品种，发芽较晚。该品种能抗晚霜，适应性强，有较强的抗病性，早期丰产，坚果品质优良，适宜在黄土丘陵区及山地林粮间作栽培。

4. 礼品 2 号　1989 年定名，由辽宁省经济林研究所从实生核桃园中选出，主要栽培于河北、辽宁、山西、北京、河南等地。其坚果呈长圆形，果基圆，果顶圆微尖，顶部和底部略歪。坚果约重13.5 克，纵径 4.1 厘米，横径 3.6 厘米，侧径 3.7 厘米。壳面色浅、光滑，缝合线窄而平，结合较紧密，壳厚约 0.7 毫米，内褶壁退化，露仁，极易取整仁，出仁率 67.4%。核仁充实饱满，色浅，风味佳。

树体中等，分枝力较强。一年生枝呈绿褐色，雌先型品种。结果在中短枝，坐果率在 70% 以上，多为双果，经常见到一个总苞中有 2个坚果的情况。丰产抗病，可在肥水条件较好的地区矮化密植栽培。

5. 哈特雷　此品种为美国主栽品种，于 1984 年引入我国，现在河南、辽宁、北京、山东等地有栽培。坚果呈圆锥形，果基平，果顶渐尖，坚果约重 14.5 克。壳面光滑，缝合线平，结合紧密，出仁率 46% 左右，90% 为浅色仁。此品种因其形似钻石，外形美观，故又名"钻石核桃"，为美国市场最主要的带壳销售品种。

树体中等偏大，树姿半开张，土壤条件良好的情况下生长旺盛，侧芽结实率为 10%。开始结果的年龄比较晚，但盛果期产量很高。在土壤瘠薄或水分不调时，易发生树皮深层溃疡病而限制该品种的发展。适宜在北亚热带气候区栽培。

6. 西洛 1 号　1984 年通过省级鉴定，由西北林学院从洛南晚实核桃实生树中选育而成。坚果接近圆形，三径平均为 3.6 厘米，单果重 13 克。壳面较光滑，缝合线紧密，壳厚约 1.13 毫米，取仁容易，出仁率约 57%，核仁饱满浅色，风味香脆，品质上乘。

树姿直立，树势旺盛，盛果期以后逐渐开张，分枝力强，丰产性强。陕西通常 3 月底发芽，4 月下旬为雄花盛期，雌花盛期是 5 月上旬，前后间隔 10 天左右，果实在 9 月中旬成熟。抗寒、耐瘠薄、抗病、耐旱力强。

7. 福兰克蒂　大量栽植于欧美各地的核桃产区，法国品种。平均果重约 11.09 克，坚果较小。缝合线紧密，出仁率 46%，核仁色极浅。早春萌芽及开花较晚是这一品种最大的特点，因此可以避开晚霜为害。

树体高大，有很强的直立性，一般只有顶芽能够结果，较丰产，适合大冠稀植栽培。

8. 西洛 3 号　1974 年由西北林学院从洛南晚实核桃实生树中选育而成，1978 年开始无性系测定，1987 年通过省级鉴定。

坚果近圆形，单果重 14 克，三径平均 3.66 厘米。壳面有浅麻点、较光滑，颜色较深，缝合线紧密，壳厚约 1.2 毫米。核仁平均重7.9克，出仁率56%，核仁饱满色浅，风味甜香，品质优良。嫁接树第3~4年开始结果，7年后进入盛果期。树势强健，分枝力中等，发芽较早，雌先型品种。陕西4月上旬发芽，5月初雌花盛期，9月上旬果实成熟。此品种适应性强，早期丰产，耐干旱，抗病性强，适宜在黄土丘陵地区及山地栽培。

9. 漾江1号 由云南省漾濞县林业局选出，2006年通过云南省科技厅的鉴定，同年通过云南省林木品种审定委员会的审定。

坚果两端较平，尖端为钝尖，呈扁圆形，三径为3.3厘米×3.8厘米×4.0厘米；壳面较光滑，刻点少、小、深，缝合线较平、紧密；单果平均重约13克，最大可到16.5克；壳厚约1.0毫米；仁饱满，黄白色，味香，脂肪含量71.06%~73.17%，蛋白质含量13.24%~16.08%；内隔和内褶退化，呈纸质，极易取整仁，出仁率55%左右。外观较好，核仁饱满，果仁兼优。

树势较旺，枝条粗壮，树姿半开张，分枝力较强。侧生混合芽的比率为73.6%。每个雌花序通常着生3朵雌花，坐果率为78%。嫁接苗第3年可开花，6年后进入初结果期，十八年生的树单产47.9千克，每平方米树冠垂直投影面积的产仁量为258克。属于雄先型、中熟品种，适宜在云南、贵州等地栽培。

二、早实核桃品种

1. 辽宁1号 由辽宁省经济林研究所人工杂交培育而成，以河北昌黎大薄皮（晚实）优株10103×新疆纸皮核桃中的早实单株11001为亲本，1980年定名，是1989年通过国家鉴定的首批早实核桃新品种，已在辽宁、河南、河北、陕西、山西、北京、山东、湖北等地大面积栽培。

其坚果为圆形，大小中等，果基圆或平，果顶略呈肩形。平均单果重11.1克，最大的可以达到13.7克，三径平均为3.3厘米，壳面色浅、较光滑美观，缝合线微隆起，结合紧密，壳厚0.9毫米，内褶壁退化，可取整仁，出仁率59.6%。种仁饱满，黄白色，风味佳。

植株长势强，枝条粗壮，果枝率高，丰产，雄先型品种。八年生树高约4.8米，干径粗14.9厘米，冠幅直径4.3米，分枝约462个，最多可以达到710个。侧生混合芽的比率达90%以上。坐果率60%以上，多双果或三果。

辽宁大连地区一般在4月中旬发芽，5月上旬是雄花散粉期，雌花盛期在5月中旬。属雄先型品种。正常情况下在6月上旬会抽生二次枝和二次雄花序，6月中旬二次雄花散粉，9月下旬坚果成熟，11月上旬落叶。此品种适应性强，比较耐寒、耐旱，抗病性强，坚果品质优良，适宜在我国北方核桃栽培区种植。

2. 香玲　由山东省果树研究所人工杂交培育而成，1989年定名，主要栽培于山西、陕西、河南、山东、河北等地。卵圆形坚果，基部较平，果顶微尖。坚果重12.2克左右，最大可达到14克。壳面的刻沟较浅，为浅黄色，整体光滑美观；缝合线比较平且较窄，结合紧密；壳厚0.9毫米左右。内褶壁退化，比较容易取整仁，出仁率为65.4%左右。种仁充实饱满，为浅黄色，味香。雄先型品种，树势较旺，分枝力较强，树姿较直立。该品种有较强的适应性，丰产，适合在平原林粮间作和山区土层较深厚的地区栽培。

3. 扎343　由新疆林业科学院从阿克苏地区扎木台试验站实生早实核桃中选育而成，是1989年通过国家鉴定的首批早实核桃新品种。坚果呈椭圆或卵圆形，大小中等，壳面光滑美观，单果重约12.4克，最大可以达到15.5克，三径平均为3.7厘米。壳厚约1.2毫米，出仁率52%~56%，核仁呈浅黄色，风味香，品质中上等。

树势旺盛，树姿半开张，分枝角60°左右，树冠圆头形。有很强的发枝力，结果母枝平均可以发2.5个，果枝率为93%。一般情况下嫁接苗在第二年出现雌花。该品种在扎木台地区每年开花期为4月中旬，果实成熟期通常在9月中旬。属雄先型品种。此品种早实、丰产、稳产，且适应性较强，较抗寒、耐旱、抗病，因而适宜在西北、华北的丘陵山区密植栽培。

4. 辽宁5号　由辽宁省经济林研究所人工杂交培育而成，已在辽宁、陕西、山西、河北、北京、河南等地栽培。该品种的坚果为椭圆形，果基呈圆形，果顶略细，微尖。坚果重约10.3克，壳面光滑、色浅，缝合线宽而平，结合紧密，壳厚约1.1毫米，内褶壁退化，可取整仁或半仁，出仁率为54.4%。种仁为浅黄褐色，比较饱满，风味佳。雌先型品种，树势中等，分枝力强，树姿开张，果枝率比较高，丰产。

该品种坚果品质优良，且有较强的适应性，适宜在我国北方核桃栽培区种植。

5. 北京861　由北京市林业果树研究所从新疆核桃实生苗中选育而成，是1989年通过国家鉴定的首批早实核桃新品种。坚果呈圆形，中等大小，壳面较光滑，单果重10~12克，三径平均3.4厘米，壳皮厚约0.9毫米。其横隔膜质化，比较容易取仁，出仁率67%，核仁饱满充实，颜色较浅，风味香，微涩，品质中上等。

树势中庸，树姿较开张，分枝角呈65°左右，树冠为圆头形，侧生混合芽的比率为95%，侧枝果枝率达85.5%，较丰产。一般情况下，雌花在嫁接后的第2年开始形成，3年后出现雄花。雌花序一般着生2~3朵雌花，坐果率在60%左右，双果率在74%左右，为早熟品种，属雌先型。

北京地区一般在4月上旬发芽，4月下旬属于雌花盛期，雄花盛期为4月底至5月初，到8月下旬果实成熟。该品种较抗寒、耐旱，结果多的时候果实会变小，要注意疏果和加强肥水管理。可在我国北方地区矮化密植栽培。

6. 中林5号　由中国林业科学研究院人工杂交培育而成，1989年通过林业部的鉴定。坚果圆形，三径平均3.3厘米，壳面为黄白色，较光滑，壳厚约1.0毫米。横隔膜质化，容易取仁，出仁率为60%，核仁颜色比较浅，饱满充实，品质上乘。

树势中庸，有较强的分枝力，树姿开张，枝条粗，节间比较短，主要以短果枝结果，丰产。北京地区每年4月下旬为雌花盛期，雄花盛期在5月初，属雌先型，果实在8月下旬成熟，属早熟品种。该品种属短枝型，抗病力、抗寒力和耐旱性均较强。适宜在条件较好的地方进行密植栽培。由于其丰产性很强，坐果率高，结果多的时候果实会变小，所以应注意疏果和加强肥水管理。

7. **强特勒** 此品种在美国为主要栽培品种之一，1984 年被引入我国，现在河南、北京等地有栽培。果实呈长圆形，纵径 5.4 厘米，横径 4.0 厘米，侧径 3.8 厘米。坚果较大，平均单果重约 12.8 克，单仁重约 6.3 克，壳厚约 1.5 毫米，壳面缝合线平，结合紧密，整体较光滑。取仁容易，出仁率为 50%。核仁颜色较浅，品质极佳，有很强的丰产性。

树体大小中等，树势中庸，树姿直立，丰产，雄先型品种。北京地区一般在 4 月 15 日左右发芽，4 月 20 日左右为雄花期，5 月上旬是雌花期，9 月 10 日左右为坚果成熟期。该品种适合在温暖的北亚热带气候区栽培。

8. **爱米格** 1984 年被引入我国，目前河南、北京等地有栽培，是美国的主栽核桃品种之一。坚果呈长圆形，平均果重约 10 克，缝合线平，结合紧密，壳表面整体较光滑，壳厚约 1.4 毫米。容易取仁，出仁率为 53%，核仁的颜色较浅，属于雄先型品种。

北京地区每年发芽在 4 月中旬，雌花盛期为 4 月下旬，5 月上旬为雄花序散粉期，坚果成熟在 9 月上旬。该品种树体较小，树姿较开张，丰产。可在北京及其以南地区进行密植栽培。

9. 绿波　由河南省林业科学研究院从新疆核桃实生后代中选出，1989 年定名，主要栽培于河南、陕西、辽宁、甘肃、河北、山西、湖南等地。坚果呈卵圆形，果基较圆，果顶微尖。坚果重约 11 克左右，最大的可以达到 14 克。壳面有小麻点，比较光滑，颜色较浅；缝合线较窄而凸，结合紧密，壳厚约 1.0 毫米。内褶壁退化，可取整仁，出仁率为 59% 左右。种仁充实饱满，颜色浅黄，味香，属雌先型品种。

树势强，分枝力中等，树姿开张。该品种有较强的适应性，抗果实病害，丰产质优，宜加工核桃仁，适宜在华北的黄土丘陵区栽培。

10. 丰辉　由山东省果树研究所人工杂交而成，1989 年通过林业部的鉴定。坚果呈长圆形，平均单果重约 8.85 克，最大的可以达到 12.8 克，三径平均为 3.38 厘米。壳面光滑，壳厚约 1.05 毫米，可取整仁，出仁率为 57.6%，核仁的颜色中等。

树姿呈半圆形，直立紧凑，短果枝结果早。结果量过多时会使果实变小、果枝变细，严重时甚至枝条枯死，所以应注意加强疏花疏果并进行合理的肥水管理。山东泰安地区每年的 3 月下旬发芽，雄花盛期在 4 月中旬，4 月下旬为雌花盛期，果实在 8 月下旬成熟，属雄先型品种。该品种不耐干旱，但有较强的抗病力和抗寒力。

11. 特哈玛　1984 年被引进我国，目前河南、北京有栽培，是美国的主要培植品种之一。坚果呈椭圆形，坚果重约 11 克。壳面较光滑，缝合线结合紧密，略突起，壳厚约 1.5 毫米。容易取仁，出仁率在 50% 以上。核仁颜色较浅，丰产。属于雌先型品种。

树姿直立，树势较旺，适宜用作农田防护林。因该品种发芽比较晚，可以免遭春季晚霜的为害，适合在北京及其以南地区栽培。

12. 契可　1984 年被引进我国，目前在河南、北京、辽宁等地有栽培，为美国的主要培植品种之一。坚果略呈长圆形，果基较平，纵径 4.0 厘米，横径 3.5 厘米，侧径 3.4 厘米。坚果相对较小，重约 8 克。壳的颜色比较浅，整体壳面光滑，缝合线紧密，壳厚约 1.5 毫米。容易取仁，出仁率为 50% 左右，其中 70% 的仁颜色较浅。早期丰产性很强。

树体较小，树姿直立，树冠为圆形，侧芽结实率可以达到 90%~100%，适合密植栽培。每个雌花序有 2 朵雌花。属雌先型品种。北京地区每年 4 月上旬发芽，9 月上旬为坚果成熟期。

13. 岱香　由山东省果树研究所用早实核桃品种辽宁 1 号作为母本，香玲作为父本进行人工杂交而获得的品种，山东省林木品种审定委员会在 2003 年通过审定并命名。

坚果为圆形，颜色是浅黄色，果基较圆，果顶微尖。缝合线紧密，稍凸，不易开裂，壳面整体较光滑。内褶壁膜质化，纵隔不发达。坚果纵径 4.0 厘米，横径 3.6 厘米，侧径 3.18 厘米，壳厚约 1.0 厘米。单果重约 13.9 克，出仁率为 58.9%，容易取整仁。核仁饱满充实，颜色较浅，呈黄色，香味浓，无涩味，脂肪含量约为 66.2%，蛋白质含量约为 20.7%，坚果综合品质优良。

树势强健，树冠密集紧凑，呈圆头形。树姿开张，新梢平均长约 14.67 厘米，粗约 0.83 厘米。分枝力较强，为 1∶4.3，平均节间长 2.42 厘米。侧花芽比率是 95%，常见双果和三果。嫁接苗定植后，第 1 年即可开花，第 2 年开始结果，正常管理条件下坐果率为 70%。属于雄先型品种。

在泰安地区，每年 3 月下旬开始发芽，9 月上旬果实成熟，11 月上旬落叶，植株营养生长期为 210 天左右。该品种的雌花期与鲁丰等雌先型品种的雄花期基本一致，可互为授粉品种。区域试验和品种对比表明，其有较强的适应性，早实、丰产、质优。在土层深厚的平原地区，树体生长快，产量高，坚果大，核仁饱满，香味浓，通常好果率可以达到 95% 以上。

14. 维纳　1984 年被引进我国，目前北京、河南、辽宁等地区有栽培，是美国的主要培植品种之一。坚果为锥形，果基较平，果顶渐尖，坚果重约 11 克，壳厚约 1.4 毫米，壳的颜色中等，整体光滑。缝合线略宽而平，结合紧密，容易取仁，仁的颜色较浅，出仁率在 50% 左右。早期丰产性较强。

树势强，树姿较直立，树体大小中等，丰产。属雄先型品种。北京地区每年 4 月中旬发芽，雄花散粉期为 4 月 22~26 日，雄花期为 4 月 26~30 日，坚果成熟期一般为 9 月上旬。

15. 中林 1 号　由中国林业科学研究院人工杂交培育而成，以涧 9-7-3×汾阳串子为亲本，是 1989 年通过国家鉴定的首批早实核桃新品种。目前主要栽培于山西、陕西、河南、四川、湖北等地。坚果呈圆形，果基较圆，果顶扁圆。坚果重约 14 克。缝合线突起，结合紧密，壳面整体较粗糙，壳厚约 1.0 毫米。内褶壁略延伸，膜质化，可取整仁或半仁，出仁率在 54% 左右。种仁充实饱满，颜色为浅至中等，味香不涩。

树势较强，分枝力强，混合芽侧生比率在90%以上，属雌先型品种。嫁接后第2年即可结果，在泰安地区坚果成熟期为每年的9月初，10月下旬落叶。该品种有较强的适应性，丰产潜力大，适宜在华北、华中及西北地区栽培。

16. 鲁光 由山东省果树研究所以新疆卡卡孜（晚实）×上宋6号（早实）为亲本，人工杂交培育而成，1989年定名并通过国家鉴定。主要栽培于山东、山西、陕西、河南、河北等地。坚果为长圆形，果基较圆，果顶微尖。平均单果重12.0克，最大坚果重可达到16.7克，三径平均3.76厘米。壳面刻沟浅，颜色浅黄，整体光滑美观。缝合线窄平，结合紧密，壳厚0.9毫米左右。内褶壁退化，易取整仁，出仁率在59.1%左右。核仁充实饱满，味香。

植体生长健壮，树姿较开张，分枝角65°左右。树冠是圆头形，叶片呈灰绿色，较小。属雄先型、中熟品种。

晋中地区通常在4月上旬萌芽，雌雄花盛期均为5月上旬，雄花开放比雌花开放要早2~4天，果实成熟期为9月中旬，10月底落叶，果实发育期为 120 天，营养生长期为 210 天。该品种适应性较强，不耐干旱，品质优良，特别丰产，适宜在肥水条件较好的地方集约化栽培。

17. 温 185　由新疆林业科学院从新疆温宿木本粮油林场卡卡孜实生后代中选出，1989 年定名。其坚果为圆形或长圆形，果基较圆，果顶渐尖。壳面颜色较浅，整体光滑。单果重约 15.8 克，壳厚约 0.8 毫米，出仁率为 65.9%，果仁颜色较浅。

树势强，树姿较开张，中短果枝结果。属雌先型品种，其果实成熟期为 8 月下旬。该品种早实、丰产且稳产，适合于密植栽培。

18. 西林 1 号　由西北林学院从新疆核桃实生园中选出，1984 年定名，主要栽培于甘肃、陕西、山东、山西、河南、河北等地。长圆形坚果，果基为圆形，果顶较平。坚果重约 10 克，壳面略有小麻点，整体较光滑。缝合线窄而平，结合紧密，壳厚约 1.16 毫米。内褶壁退化，易取整仁，出仁率为 56%，核仁充实饱满，味脆香。

树势强，树姿开张，分枝力较强，节间较短，丰产，雄先型品种。该品种耐瘠薄土壤，抗旱、抗寒、抗病性均较强。适宜在华北、西北及中原地区栽培。

19. 薄丰　由河南省林业科学研究所从河南新疆核桃实生树中选出，是 1989 年通过国家鉴定的首批早实核桃新品种。其坚果大小中等，呈卵圆形，平均单果重约 11.12 克，最大的重量可达到 13.5 克，三径平均 3.53 厘米。壳面整体光滑美观，壳厚约 1.06 毫米，缝合线较紧，容易取仁，可取整仁，出仁率为 54.1%，果仁颜色较浅，品质上等。

植株生长势强，树姿半开张，分枝角 60° 左右，树冠为圆头形。

多年生枝为灰褐色，皮孔小而稀，一年生枝是灰绿或黄绿色，节间较长，结果以中短果枝为主。混合芽为圆形，主副芽的距离稍远，主芽有芽座，90%以上的侧芽可以形成混合芽。嫁接苗在第2年形成雌花，雄花在第3年出现。每个雌花序一般着生2朵雌花，最多的可以达到5朵，坐果率为64%，大多是双果。属雄先型品种。

河南地区每年3月下旬开始萌芽，4月初展叶，4月上旬雄花开始散粉，雌花盛开在4月中旬，果实成熟期是9月初，10月中旬开始落叶。该品种有很强的适应性，耐旱，抗病、抗寒性都较强，适宜在华北、西北的黄土丘陵区矮化密植栽培。

第四节 漾濞核桃品种

漾濞核桃是我国西南高海拔山区的重要经济树种，已经有200多年的嫁接繁殖历史，栽培品种也很多。漾濞核桃种群都属于晚实类群，至今尚未发现早实类群。

1. 大泡核桃　又名漾濞泡核桃，是云南早期无性优良品种。其坚果为扁圆形，三径平均为3.5厘米，单果重12~13克。壳面刻点较多而且深，缝合线结合紧密，且有隆起，壳厚约1.0毫米。内褶壁纸质，容易取仁，出仁率为55%~58%，核仁饱满，香甜。

树势较强，树姿直立，结果以中短果枝为主，丰产，属雄先型品种。漾濞地区每年3月上旬发芽，雄花盛期为3月下旬，雌花盛期在4月中旬，9月中旬果实成熟。

2. 娘青核桃　云南早期无性系品种，坚果卵圆形，三径平均为3.3厘米，单果重11~12克。壳面比较粗糙，缝合线紧密，略有凸起，壳厚1.2~1.3毫米。内褶壁与横隔革质，取半仁，出仁率为41%~47%。核仁颜色淡紫，饱满充实。

树势开张，冠形紧凑，丰产。在云南地区每年3月上旬发芽，3月下旬为雄花盛期，雌花盛期为4月上旬，9月中下旬果实成熟，属雄先型品种。该品种有较强的抗病性和适应性，宜当作仁用品种。

3. 三台核桃　此品种主要分布于云南大姚县、宾川县、祥云县等地，别名草果形核桃。坚果呈倒卵圆形，果基尖，果顶为圆形，坚果重9.49~11.57克。壳面颜色较浅，整体比较光滑。缝合线窄，结合紧密，上部略突起，壳厚1.0~1.1毫米。内褶壁及横隔膜膜质，容易取整仁，出仁率为45%~51%。核仁充实饱满，颜色浅，味香。

属雄先型品种，树势旺，树姿开张，优质，丰产，为云南地区商品核桃生产的主栽品种之一。

4. 穗状核桃　又名串核桃，主要栽培于贵州西北的高寒山区。每个雌花序着生雌花10~20朵，多的可以达30朵以上，每个果序有5~10个果，多者能达20个以上。坚果为长扁圆形，果基微凹，果顶急尖，坚果重约8.8克。壳面略麻，缝合线较窄而突起，结合紧密，壳厚0.9毫米。内褶壁退化，横隔膜膜质，取仁容易，易取整仁，出仁率为60%。核仁充实饱满，颜色较浅，味香。

属雄先型品种，树势强，分枝力强，树姿开张。该品种耐寒、耐旱，树干及果实染病率低，在贵州中部气候温和地区易遭象鼻虫、天牛等虫为害。适宜在西南的高山地区栽培。

5. 圆菠萝核桃　为云南早期无性繁殖的优良品种之一，别名阿本冷核桃，主要栽培于云南云龙县、漾濞县、洱源县、永平县等地。坚果为短扁圆或圆形，果基较圆，果顶平，坚果重约10.9克。壳面麻，刻点大而浅，缝合线结合紧密，中上部略突起，壳厚1.1~1.2毫米。内褶壁及横隔膜革质，能取半仁，出仁率50%~55%，核仁充实饱满，颜色浅，味香。

属雄先型品种，树冠紧凑，树姿开张，较丰产，适合在高海拔地区（低于 2600 米）栽培。

第三章

核桃苗的培育

第一节 苗圃地的选择与准备

一、选择

　　苗圃地选择的好坏直接关系到育苗的成败。苗圃地要选在地势平坦、土质疏松、土层深厚、排水良好、有灌溉条件、背风向阳且交通方便的地方。切忌选择盐碱地、撂荒地以及地下水位在地表 1米内的地方作为苗圃地。此外，也不能选用前季栽植过果树的重茬地，因为重茬地的土壤中所含的必需的营养元素不足，而且果树苗木的根系在生长期间会分泌出许多毒素，这些毒素会对核桃根系造成伤害，致使苗木产量和质量降低，严重的会导致苗木死亡。

二、整理

　　苗圃地的整理也是影响苗木生长质量的重要环节。整地主要是指对土壤进行精耕细作，增施有机肥、作畦作垄等。通过整地工作，可以增加土壤的通气透水性，并有蓄水保墒、翻埋杂草残茬、混拌肥料及消灭病虫害等作用。因为核桃幼苗有很深的主根，所以深耕有利于幼苗根系的生长。翻耕深度要因时因地制宜。春耕宜浅（15~20厘米），秋耕宜深（20~25厘米）；多雨地区宜浅，干旱地区宜深；河滩地宜浅，土层厚时宜深；播种苗宜浅，移植苗宜深（25~30厘米）。北方适宜在秋季深耕时结合进行施肥及灌冻水。耕作前每公顷施有机肥50000千克左右，并灌足底水，播种前再浅耕一次，然后耙平作畦作垄，待播种。

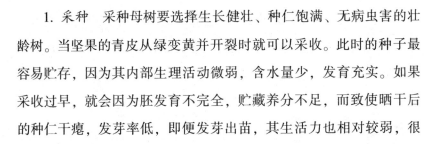

第二节 繁育壮苗

一、种子的采集和贮藏

1. 采种　采种母树要选择生长健壮、种仁饱满、无病虫害的壮龄树。当坚果的青皮从绿变黄并开裂时就可以采收。此时的种子最容易贮存，因为其内部生理活动微弱，含水量少，发育充实。如果采收过早，就会因为胚发育不完全，贮藏养分不足，而致使晒干后的种仁干瘪，发芽率低，即便发芽出苗，其生活力也相对较弱，很难长成壮苗。

采种的方法有打落法与拣拾法两种，前者是当树上果实青皮有三分之一以上开裂时打落；后者是随坚果自然落地，定期拣拾。种用核桃可直接脱青皮晾晒，不用漂洗。晾晒的种子要在通风干燥的地方薄层摊开，不宜放在石板、水泥地面或铁板上受阳光直接暴晒，否则会影响种子的生活力。

2. 贮藏　核桃的种子没有后熟期。采收后 1 个多月秋播的种子就可以播种了，有的可带青皮播种，不需晾晒干透。多数地区还是以春播为主，因此春播的种子需要较长的贮藏时间。贮藏时要保持温度在 5℃左右，空气相对湿度为 50%~60%，并适当地进行通气。核桃种子的贮藏主要采用室内干藏法。干藏分为普通和密封两种方法。普通干藏指把秋采的干燥种子装进袋或缸等容器里，放在干燥、通风、低温的地窖内或室内。如果种子少的话，通常就需要用密封干藏法，即将种子装在双层的塑料袋内，加入干燥剂密封，然后放在可控温、控湿、通风的种子库或贮藏室内。

另外，室外湿沙贮藏法在某些区域也被经常采用。选择排水良好、无鼠害、背风向阳的地方，挖掘贮藏坑。一般坑深 0.7~1 米，宽 1~1.5 米，依种子的多少来决定其长度。在贮藏种子前应先进行选种，即先把种子泡在水中，将漂浮于水上、种仁不饱满的种子挑出。种子浸泡 2~3 天后取出并沙藏。沙藏时，先铺一层约 10 厘米的湿沙于坑底铺（以手握成团不滴水为度），随后放上一层核桃并用湿沙填满核桃间的空隙，厚约 10 厘米；然后再放一层核桃，再填沙，一层层直到距坑口 20 厘米时，用湿沙覆盖与坑口持平，上面用土培成脊形。

同时在贮藏坑四周挖排水沟，以免积水浸入坑内，造成种子霉烂。为保证贮藏坑内的空气流通，应竖一把草于坑的中间（坑长时每隔 2 米），直达坑底。要依据当地气温的高低来决定坑上覆土的厚度。早春要注意随时检查坑内种子的状况，不要使其霉烂。

二、种子的处理

播种前必须要对干藏的种子用适当的措施进行处理，以利于其发芽，缩短萌芽期。沙藏后的种子可直接播种，但催芽后再播种的效果较好。

1. 冷水浸种　春季播种前，把干藏的种子用冷水浸泡 7~10 天，每天换一次水，使其充分吸水；也可以将盛有核桃种子的麻袋放在流水中，之后将浸泡过的种子放到太阳下暴晒，直至核桃的缝合线裂开，即可播种。对于没有裂开的核桃可拣出重复浸泡、暴晒，直至裂开后再播种。有的核桃即使经过 2~3 次处理后仍不开裂，这类种子播种后发芽率低，出苗迟，长势自然比较弱。

2. 石灰水浸种　山西省汾阳市南偏城有一种经验，用 10 千克水把 1.5 千克生石灰化开，再倒入 10 千克核桃，之后用石头压住核桃，再加入冷水，不换水浸泡 7~8 天。然后将核桃捞出，埋进湿沙中盖上塑料膜保温催芽，几天后缝合线裂开即可播种。

3. 温水浸种　将种子放在 80℃ 的温水缸("四开一凉")中，用木棍搅拌，水温下降到正常室温后，继续浸泡 8~10 天，每天换水一次，待种子膨胀裂开后捞出播种。

4. 开水浸种　当种子未经沙藏但急需播种时，因时间紧迫，可用种子重量 1.5~2 倍的沸水浸种 2~3 分钟，随倒随搅拌，浸种后可随即播种。也可搅到水温不烫手时将种子捞出，放入凉水中浸泡一昼夜，再捞出播种。此法是救急的办法，一般不提倡使用。薄壳和露仁种子不能采用这种方法。

根据核桃种子的特性，播种前对干藏的种子经过处理后，其发芽率很高，而且操作简单，干藏成本低，建议生产上最好是低温干藏。春季浸种、暴晒使种子裂开后播种，省时省工，也可防止种子在沙藏过程中的霉烂现象。

催芽常用的方法有：将核桃种子混以 4 倍体积的湿沙（含水量 60%），搅拌均匀，在向阳的地面摊成 20 厘米厚，上盖塑料布，白天让太阳晒，晚上盖草帘保温，每天上下午各翻动一次，待胚芽稍伸出即可翻种。

三、播种时期

播种时期分秋播和春播两种。南方温暖适于秋播，北方寒冷适于春播。

秋播一般在 10 月中旬至 11 月下旬土壤结冻前进行。通常秋播可以采下种子后直接带青皮播种，也可以脱青皮、晾干后在地冻前播种。应注意，秋季播种不宜过早或过晚。此播种方式适于冬季不太严寒，春季风小干旱的地区，但兽、鼠为害严重或冬季干旱地区不宜在此时期播种。秋播的优点是不必进行种子处理，春季出苗整齐，苗木生长健壮。

春播一般在 3 月下旬至 4 月上旬土壤解冻以后进行。山西省林业科学研究院近几年的试验表明，晋中地区覆膜播种最好的时间是在清明前后。这时地表及土壤温度已逐渐回升，正常播种后 25 天左右即可出苗，且出苗后正好避过晚霜。春播的缺点是播种期短，田间作业紧迫，且气候干燥，不易保持土壤湿度，苗木生长期短，生长量小。

四、灌水

播种前要浇一次透水，或趁雨播种。干旱缺水地区一般先开沟，沟内灌水，待水渗下后再播种。

五、播种方法

核桃为大粒种子，播种时最好采用点播，每穴 1 粒。播种时，壳的缝合线应与地面垂直，且种尖（胚根、胚芽从此萌发）与地面平行，这样更有利于苗木出土，使其生长健壮。播种深度一般以 6~8 厘米为宜，秋播稍深些。

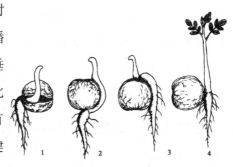

胚根、胚芽生长示意图

在一次性播种量大的情况下，也可以采用播种马铃薯的机械进行，如果选的种子质量高则几乎不会影响其发芽。

六、覆土厚度

一般来说，播种的覆土厚度是种子直径的 3~5 倍，大粒种子取 3 倍，小粒种子取 5 倍。普通核桃直径为 3~4 厘米，覆土厚度以 8~12 厘米为宜。在种子尚未"咧嘴"或土壤干旱时，覆土应略厚些，如有必要，可以覆盖薄膜来增温保湿。播种已发芽的种子时，可削去 1 毫米的胚根根尖，促使其侧根发育。用地膜覆盖的可适当薄些，盖土 5~7 厘米厚有利于出苗。

七、播种密度

为方便嫁接操作，培育砧木苗时常用宽窄行法，正常宽行为 60 厘米，窄行为 40 厘米，株距为 15~20 厘米。对于只培育实生苗但不进行嫁接的可适当密些，即宽行 50 厘米，窄行 30 厘米，株距 25 厘米，每亩出苗 6000~7000 株，最多不超过 8000 株。在准备种子时可多准备 5%~10%，以便剔除霉烂、空壳的种子，或出苗后发现缺株严重时补种。一般当年生的苗在环境较好的情况下，可以达到 80 厘米高，根基直径 2 厘米左右，即可当作砧木用。

八、苗期管理

核桃播种后 20 天左右开始发芽出土，40 天左右苗木就可出齐。要想培育出健壮的砧木苗，就必须加强苗期管理工作。

1. **检查出苗** 尤其对于春播覆膜的种子，要注意随时检查。发现嫩芽顶在薄膜上时，应及时调整嫩芽的生长方向，否则会导致嫩芽生长歪曲，甚至出现顶芽被高温烫坏或出现二三叉分支的情况，从而影响当年的芽接。

2. **补种** 当苗木大量出土时，应及时检查，发现缺苗严重时，应随即补种，以保证单位面积的成苗数量。补苗的方法：可用水浸催芽的种子重新点播，也可将边行或多余的幼苗带土移栽。

3. **施肥灌水** 核桃苗有发达的主根，且分布较深，出土前一般不需要灌水，以免造成地面板结，影响出苗。北方的春季多风干旱，土壤保湿能力比较差，一旦出苗不齐，需要及时浇水，并视墒情进行浅松土保湿，破除板结。苗木生长最快的时期通常为五六月份，此时要进行灌水 2~3 次，结合追施速效氮肥 2 次，每次每亩施硫酸铵 10 千克左右。

因为七八月份降水较多，为促使苗木充实，增加木质化程度，可根据雨情决定浇水与否，但要追施 2 次磷钾肥，9~10 月进行 2~3 次浇水，以提高苗木越冬能力。此外，幼苗生长期间还可以进行根外追肥，将 0.3% 的尿素或磷酸二氢钾喷洒于叶面，每 7~10 天进行一次。在雨水多的地区，还要注意排水，以防苗木晚秋徒长或烂根死亡。

4. **中耕除草** 苗圃的杂草繁殖力强，且生长比较快，不仅会与幼苗争水、争肥、争光，而且有些杂草还是病虫害的媒介和寄生场所，所以应本着"除早，除小，除了"的原则及时除掉。及时中耕可以去除杂草、疏松表土、减少土壤水分蒸发、防止土壤板结，从而提高土壤中有效养分的利用率，给土壤微生物活动创造有利条件。

一般在幼苗前期，中耕深度以 2~4 厘米为宜；后期可逐步加深到 8~10 厘米。至于中耕次数要根据具体情况决定，一般进行 2~4 次，以保持表土疏松、地无杂草为宜。

5. 防治病虫害　核桃苗期的主要病害有黑斑病、炭疽病、根腐病等，主要虫害为蚜虫、象鼻虫、刺蛾、金龟子、大青叶蝉、浮尘子等。本着"防重于治，治早、治小、治了"的原则，应及时消灭病虫害。在发病初期，通常每隔 7~10 天喷一次杀菌剂，药剂有 1：2：200 倍的波尔多液，70%甲基托布津 700~800 倍液。对根腐病用 70%的甲基托布津 1000 倍液灌根。对害虫适时喷药防治，药剂有 2.5%的溴氰菊酯 3000 倍液，50%辛硫磷 1500 倍液，80%敌敌畏 1500 倍液。

6. 防止日灼　如果幼苗出土后，遭遇高温暴晒，往往容易使其嫩茎先端焦枯，即日灼，俗称"烧芽"。为了防止日灼，除注意播前的整地质量，播后还可以在地面覆草。这样，不仅能降低地面温度，减缓水分蒸发，还能增强苗木长势。

7. 越冬防寒　我国多数地区的核桃苗均不需防寒，但在冬季出现-20℃以下的地区，要做好苗木的越冬防寒工作。方法是将苗木就地压倒，然后埋土即可；或者先平茬后埋土，也可以达到不错的效果。

第三节 嫁接苗培育

　　嫁接是指把优良母树的枝条或芽移接到另一植株的适当部位上，使二者愈合成为一个新植株的技术。接在上部的枝或芽，称为"接穗"，承受接穗的植物体称为"砧木"，通过嫁接技术培育而成的苗木称为"嫁接苗"。用种子繁殖的核桃实生苗，虽有较强的适应性，寿命也比较长，但开花结实晚且容易变异；而嫁接的核桃苗不仅可以提早开花结实，而且能保持母本的优良性状。所以，用嫁接苗建园在核桃生产中被大量采用，采用嫁接技术可以更换品种。

　　因地区气候条件和嫁接方法的不同，核桃的嫁接时期各不相同。一般来说，室外枝接的适宜时期是从砧木发芽至展叶期，北方一般在3月下旬到4月下旬，南方则在2~3月份。至于芽接的适宜时间，北方地区一般为5月到7月中旬，其中最好是在5月下旬至6月中旬；云南则在3月份为宜。

一、植物茎的构造和作用

　　要想了解嫁接为什么能够成活，我们就要先了解植物茎的构造。

61

一般双子叶植物的茎由以下几部分组成。

1. 表皮　是茎最外的一层细胞，通常由长细胞和短细胞组成，外壁角质化并硅化，对枝条起着保护作用。

2. 皮层　指表皮与维管束之间的薄壁组织，大部分由数层薄壁细胞组成，靠近表皮处有厚角细胞。它们都含有叶绿体，故呈淡绿色。

3. 韧皮部　由筛管、韧皮纤维和薄壁细胞组成，位于树皮与形成层之间。筛管是输送叶子制造的有机营养的通道。皮层和韧皮部的薄壁细胞比较活跃，受到刺激后，其分生能力可以恢复，产生愈伤组织，在嫁接愈合过程中起着一定的作用。

4. 木质部　木质部是植物茎中最坚硬的部分，由木质纤维和导管组成。它不仅对植物起着机械支持作用，而且其导管是根部吸收水分和无机营养上运的通道。

5. 形成层　形成层是介于木质部和韧皮部之间的圆筒状的薄壁细胞，它主要从外侧韧皮部的筛管食物流中吸收营养，其水分和无机质主要来自内侧木质的导管中，所以形成层有旺盛的分裂能力，且具有强大的生命力。在植物生长过程中，形成层向内产生木质部，向外产生韧皮部，从而使树木不断生长加粗。在嫁接愈合的过程中，嫁接成活的关键就是砧木和接穗形成层之间的紧密连接。

6. 髓　是茎的中心部分，由薄壁细胞组成。有分生活动的潜能，也是砧木和接穗愈合过程中的积极成分，在髓心形成层贴接法中，髓的分生机能起着愈合作用。

二、影响嫁接成活的因子

1. **嫁接的亲和力** 所谓亲和力就是两种遗传性质不同的植物通过嫁接形成新的植物体的能力。嫁接能否成活和成活后生长好坏的首要条件就是植物之间有无亲和力和亲和力的强弱，这也是影响嫁接成活的重要内在因素。亲和力强，嫁接成活率就高；亲和力弱，嫁接成活率就低；如果不亲和，则嫁接难以成活。

一般情况下，亲缘关系的远近决定着亲和力的大小。同品种间嫁接的亲和力最强；同种异品种间嫁接的亲和力也较强，亲和力次之的是同属异种间嫁接；同科异属间嫁接的亲和力一般都很弱；亲和力最弱的是不同科间嫁接，这种嫁接一般比较难成活。这是因为亲缘关系越远，接穗和砧木之间在形态解剖结构、生理生化特性以及遗传性方面的差异也就越大，从而很难形成统一代谢的过程。但也会有例外，亲缘关系较远的核桃和枫杨嫁接，其成活情况通常比较好。从我国当前常用的几种核桃砧木来看，核桃本砧之间，如泡核桃与铁核桃之间，因为是同种间嫁接，所以会有很强的亲和力；而核桃与核桃楸是同属不同种，核桃与枫杨是同科不同属，它们之间虽然也有一定的亲和力，但后期亲和力较差。

2. **砧穗的生活力** 是指砧木和接穗形成层细胞的再生能力。即使亲和力较强，技术和环境条件很好，如果生活力受到了损害，嫁接也不可能成活。砧穗生活力的强弱，集中反映在砧穗的质量上。砧穗质量好，其生活力则强，嫁接成活率也就高。所以，嫁接时所用的砧木最好选择一至二年生的充实健壮、生长良好、没有病虫害

63

的实生苗。接穗质量主要反映在接穗的长短、粗细、充实程度和保鲜状况等方面。核桃嫁接中直接影响愈伤组织形成的是接穗髓心大小。据研究，如果髓心直径超过枝条直径的一半时则不能用作接穗；同时，如果接穗含水量低于38.5%时也不能产生愈伤组织。因此，接穗浸水能提高接穗含水量，从而提高核桃嫁接成活率。

在同一株采穗母树上，生长充实健壮的接穗通常都是春季的，木质化程度高，髓心小，嫁接成活率高；而秋季生长的接穗不充实，木质化程度相对差一些，髓心大，嫁接成活率比较低。在同一个发育枝上，最好用中下部枝段（春梢）作为接穗，顶梢（秋梢）的质量则会差一些，一般不能使用。

3. 形成层　形成层是枝干、根上界于木质部和韧皮部之间的一层薄壁细胞。因为形成层的生活力极高，是植物生长最活跃的部分，所以嫁接成活率主要依靠接穗和砧木的结合部分形成层与再生能力，将接穗和砧木的形成层与薄壁组织细胞一起分裂形成愈伤组织，继而分化为新的形成层。新、旧形成层相互沟通，将接穗和砧木连接起来形成新的植株。因此，嫁接成活的关键是接穗和砧木两者的形成层紧密结合，且二者接触越紧密，结合面越大，成活率就越高。单子叶植物如棕榈、竹等的形成层不发达，所以很难用嫁接繁殖。

4. 伤流液　核桃枝干受伤后容易出现伤流液（主要在休眠期），伤流液过多时，容易造成接口缺氧的环境，会抑制砧穗接口处的呼吸以及愈伤组织的形成，从而影响嫁接成活率。生产上减少伤流液的措施通常有断根、砍锯口放水，留拉水枝，提前剪砧，推迟嫁接时期等，这些对于嫁接成活率的提高都有一定作用。

5. 温度、湿度、空气和光照　有研究认为，低于15℃时核桃不能形成愈伤组织，超过 35℃ 时也会抑制愈伤组织的产生，25 ~ 30℃ 才是最适合产生愈伤组织的温度。只有在适宜的湿度下，嫁接口愈伤组织才能正常生长，接穗才能保持其生活力。据测定，绑扎物内达饱和状态为核桃嫁接的最适湿度，相对湿度在 50% ~ 60% 时最佳。再生组织细胞依靠创伤面处形成层细胞大量呼吸产生生长素以加速碳水化合物、氨基酸等营养物质的供应。强烈的代谢作用、增大呼吸强度，都需要有充足的氧气。另外，嫁接时还要考虑通气问题。通常在黑暗条件下，接口长出的愈伤组织多，呈乳白色且极幼嫩，砧木和接穗很容易愈合。因此，嫁接包扎后，在其上加一层厚纸遮光，效果会更好。

由此我们可以看出，愈伤组织形成以后，砧木和接穗愈伤组织相连接到嫁接成活，这是内因。砧木和接穗双方有亲和力且均富有生活力，是嫁接成活的基础。合适的嫁接时期，适宜的温度、湿度，通气，黑暗以及嫁接技术是外因，外因通过内因起作用，也适应于整个嫁接成活过程。

三、砧木的选择

1. **优良砧木的标准** 我国地域辽阔、经纬跨度大，所以核桃在我国的分布范围相当广，北至辽宁、新疆，南至云南。因此各地在嫁接时所使用的核桃砧木也不尽相同，这要充分考虑各地的实际情况，选择适应性强、耐寒、耐旱、耐瘠薄、抗病、嫁接品种亲和力强、嫁接成活率高、无"小脚"现象的砧木。

2. **常用的优良砧木** 我国核桃砧木的种类有 7 种：核桃、核桃楸、铁核桃、野核桃、麻核桃、吉宝核桃和心形核桃。目前，应用较多的为前4种。此外，枫杨虽不是核桃属，亦有用作核桃砧木的情况。

（1）核桃 以核桃为砧木（也叫共砧或本砧），有很强的嫁接亲和力，成活率高，生长和结果情况均良好，国外还有抗黑线病的报道。目前，我国北方地区普遍采用这种砧木。但要注意尽可能保持种子来源的一致性，以避免后代个体差异太大，影响嫁接品种的生长和结果。

（2）核桃楸 又称山核桃、楸子等，主要分布在我国东北和华北各地。该品种耐寒，耐旱，耐瘠薄，是核桃属中最耐寒的一个种，适于北方各省栽植。从已有栽植经验看，核桃楸在生产上用作砧木还存在一些问题，如实生苗用作砧木时，不如核桃本砧的嫁接成活率和保存率高；如果大树的高接部位高时，则会容易出现"小脚"等现象。

（3）铁核桃 属野生类型，亦称坚核桃、夹核桃或硬壳核桃等。它与泡核桃是同一种的两个类型，主要分布在我国西南各省。其坚果壳厚而硬，果小，出仁率低（为20%~30%），商品价值也低。但它是泡核桃、三台核桃、大白壳核桃、娘青核桃和细香核桃等优良品种的良好砧木，在我国云南、贵州等地应用较多，应用历史也较久。

（4）野核桃 主要分布于云南、四川、江苏、湖北和甘肃等省，并被当地用作核桃砧木。适于山地和丘陵地区生长。

（5）枫杨 又名枰柳、麻柳、水槐树等，山东省在200多年前就已用其嫁接核桃。它在我国分布很广，多生长于湿润的沟谷及河滩地，根系发达，适应性较强。但相对于其他砧木，用枫杨嫁接核桃的保存率较低，不适宜在生产上大力推广。

四、接穗的采集、贮藏和处理

1. 接穗采集　接穗采集是嫁接繁殖中的关键环节，接穗的质量直接影响嫁接成活率的高低和嫁接树的优劣，所以在生产种植中应给予充分重视。

用于枝接的接穗采集一般从核桃落叶后直到芽萌动前都可以进行。北方低温地区核桃抽条现象比较严重（特别是幼树），最适宜的采集时间应是秋末冬初核桃叶片形成离层而将落未落时（11月上中旬）。至于冬季抽条和寒害轻微的地区或采穗母树为成龄树时，可在春季芽萌动之前采集，这样可以随采随用或短期贮藏，相应可以提高其成活率。生产实践中，通常会认为接穗采集应在天最冷时进行，然后沙藏至芽露白时嫁接成活率高。核桃苗木嫁接目前主要有两种方法：春季的室内双舌枝接和夏季的方块芽接。枝接采用的接穗叫硬枝接穗，芽接采用的接穗叫嫩枝接穗。现分述如下：

（1）硬枝接穗的采集标准与贮藏　硬枝接穗是指采集的一年生枝条，主要为枝接用。其合格标准为粗1厘米以上，发育充实、髓心较小的发育枝。通常从核桃落叶后直到芽萌动前都可进行采集。对于有的地区冬季比较寒冷或早春容易出现抽梢的情况，就适合在元旦前后采集。采后要在剪口涂漆，以减少伤流情况的发生。穗条剪口需要封蜡，之后按品种进行分类，每100根扎一捆，拴好标签，并将其及时放到背阴处的地窖里，将接穗的缝隙用湿沙灌严，温度控制在5℃左右。可挖2米深的坑，放完接穗后，用至少50厘米的湿土将其覆盖上。当穗条的贮存量较大时，应在地窖设通风口。冬季气温不寒冷的地区可在春季芽萌动之前采集，此时可随采随用或低温短期贮藏。长途运输时要用篷布蒙严，以防止风吹失水。

（2）嫩枝接穗的采集标准与贮藏 嫩枝接穗是指采集的当年新梢，主要为芽接用。芽接接穗最好采用半木质化、无芽轴、芽基部不褶皱的枝条作为接穗。一般情况下，嫩枝接穗都是随采随用。为了减少水分蒸发，采下后要将复叶马上剪掉，只保留1厘米左右的叶柄。将接穗竖立于清水桶内，可以盛少许水在桶内，边接边用。若需要长途运输，则剪掉复叶后，要分品种进行打捆并系上标签，每100根扎一捆。通常可以在穗条之间分层夹一些叶片，并用湿麻片包好方可起运，这样可以防止长途运输中枝条互相摩擦，伤害芽子。中途要注意及时给麻片洒水，以保持湿润，运输时最好用冷藏车。到达目的地后，要及时将穗条解捆并剔除所有叶片。把穗条平放到背阴的地方或地窖或窑洞中，温度要控制在15℃以下，有条件的时候可以竖立于清水中，水的深度以刚刚浸住剪口为宜。穗条经过这样操作后，一般可以保存2~3天，若低温高湿则可以保存更长时间。

2. 接穗贮藏 如果接穗需要就地贮藏过冬，可以在背阴处挖一条宽1.2米、深80厘米的沟（具体长度要依接穗的多少而定），然后把标明品种的成捆接穗放进沟内（如果需要放两层时，则要在中间加10厘米左右的湿沙），之后埋上约20厘米厚的湿沙或湿土，土壤结冻后再加厚到40厘米。0~5℃是核桃接穗贮藏的最适温度，最高不能超过 8℃。放在冷库和冰箱的接穗，要避免停电升温，否则会影响嫁接的成活率。

3. 接穗的处理　包括接穗的剪截和蜡封。蜡封过早会影响接穗的质量，所以最好在嫁接前 15 天内进行。接穗剪截的长度因嫁接方法的不同而不同，一般在室内嫁接所用的接穗长 13 厘米左右，有 1~2 个饱满芽；而在室外嫁接一般长 16 厘米左右，有 2~3 个饱满芽。不管用哪种嫁接方法都要特别注意顶部第一个芽的质量，必须要完整饱满，无病虫害，且以芽体大小中等为好，顶端第一芽要距剪口 1 厘米左右。一般情况下，发育枝的顶端都不充实，木质疏松，且髓心大，虽然芽体比较大但质量较差，并不适合作为接穗。

蜡封可以有效防止接穗水分散失，试验证明，蜡封的接穗会比未蜡封的减少 92% 左右的失水。同时，正确蜡封不会影响芽的萌芽生长。

接穗蜡封的方法是把石蜡放进容器（铝锅、搪瓷盆等）内，然后倒入一定量的水，水占石蜡容器的四分之一至三分之一。用煤火或电炉加热，以使蜡液保持在 90~100℃，如果温度过高就很容易灼伤接穗芽子。为使蜡液的温度控制在 100℃ 以下，可在容器底部加水，这样蜡液可以产生小气泡。将剪成小段的接穗在蜡液里快速蘸一下，然后将表面多余的蜡液甩掉，再倒过来，使另一头整个接穗表面包一层薄而透明的蜡膜。接穗在蘸蜡前不能见水，否则蜡易脱落。如果蜡液温度低，就会出现蜡层发白掉块的情况。通常为了安全起见，将棒状温度计插入蜡液中，随时进行观察，超过 100℃ 时，要立即关闭电源或使容器离开火源。

五、嫁接时期

根据地区、气候条件和嫁接方法的不同，核桃的嫁接时期也不同。一般来说，适合室外枝接的时期是从砧木发芽至展叶期，北方一般在 3 月下旬到 4 月下旬，南方则在 2~3 月。至于芽接时间，北方地区通常为 5 月下旬到 7 月中旬，其中最好的时间段是 5 月下旬至 6 月中旬；而南方地区则在 2~3 月。

25~28℃是核桃形成愈伤组织的最适宜的温度，如果低于 15℃或高于 35℃，则不利于愈伤组织的形成。各地应根据本地区核桃的物候期特点选择适宜的嫁接时期。一般砧木在进入旺盛生长期后，形成层活跃，生理活动旺盛，伤流量较少，有利于伤口愈合。根据这个特点，在新梢加粗生长高峰期、砧木的粗度达到要求、新梢封顶接芽成熟的前提下，芽接越早进行越好，最好在雨季来临前完成。

陕西地区通常在 6 月上旬至 7 月上旬进行，这一时期晴天多，核桃树伤流量少，气温一般在 20~35℃，有利于嫁接部位愈伤组织的形成，嫁接成活率比较高。据观察，关中地区芽接的最佳时间是 6 月份。土壤水分状况与砧木生长形势直接影响形成层分生细胞的活跃状态。有资料表明，有利于愈伤组织形成的土壤含水量为 14.1%~17.5%；如果土壤含水量低于 11.5%或高于 19.8%时，就不利于形成愈伤组织。所以嫁接前的一个星期要根据墒情对核桃苗圃和采穗圃酌情灌溉。

枝接适宜的嫁接时期是砧木发芽至展叶期（雄花膨大伸长到散粉之前），一般在 3 月下旬至 4 月下旬，从嫁接到完全愈合需 35~40

天。接穗的保湿极为重要，这是因为在这段时间里，接穗主要靠本身贮藏的水分和营养来维持生命。采用蜡封接穗、塑料条包扎接口都可以有效防止接口失水。假如遇到春季干旱多风，可以在外面再加一层塑料薄膜筒，里面装上湿土，或者把报纸卷成筒状围绕到接口，再放入湿土，外面套上塑料袋效果更好。

此外，砧木和接穗萌动的早晚对成活也有影响，通常以砧木已经开始萌动，接穗还没有萌动时为宜。否则如果接穗已萌发抽枝、发叶，而砧木供应不上水分，往往就会出现接穗回芽死去的问题。因此，要把春季嫁接的接穗放在阴冷处贮藏，防止其过早萌发。

六、嫁接方法

根据核桃嫁接时所用的接穗不同，嫁接方法分枝接和芽接两大类。

1. 枝接　就是把带有数芽或一芽的枝条接到砧木上繁殖苗木的方法。枝接成活率高，而且接后嫁接苗生长快。此种方法通常会在砧木较粗、砧穗都不离皮的条件下采用。

（1）劈接　此法适合树龄较大、苗干较粗的砧木。操作时选二至四年生的直径 3 厘米以上的砧木，从适当部位剪断或锯断，削平锯口，用刀在砧木中间垂直劈入，深约 5 厘米。接穗两侧各削一对称的斜面，长 4~5 厘米，基部削成小斜面（外侧长于内侧），每接穗上有 2~3 个芽，顶芽的质量要好，留在外侧。下面的芽最好留在两个削面之间，因为芽子旁边的细胞活性强，最易产生愈伤组织，有利于砧穗愈合。然后迅速将接穗削面插入砧木劈口中，露出少许接穗削面,并使砧木和接穗的形成层紧密对合。接穗细时,可使两者一侧形成层对齐,然后用塑料条绑严,以利于愈合。

插皮舌接法

(2)插皮舌接 将砧木在适当位置剪断,锯口削平,选砧木光滑的地方由上至下削去老皮,长6~8厘米,宽1厘米左右,露出老皮;接穗削成长5~7厘米的大削面,刀口一开始就向下切凹,并超过髓心,而后斜削,要保证整个斜面较薄,用手指把削面背后的皮层捏开,使之与木质部分离,然后将接穗的皮层盖在砧木的削面上,最后将接口用塑料绳绑紧。这种方法最好在皮层容易剥离、伤流量较少时进行。接前一定不要浇水,要将砧木在接前的3~5天内预先锯断放水。

(3)舌接 苗木嫁接主要应用这一方法。选根径为1~2厘米的一至二年生的实生苗,在根以上10厘米左右处剪断,然后选择接穗,接穗的粗细要与砧木相当,将其剪成12~14厘米长的小段。将砧穗各削成3~5厘米长的光滑斜面,在削面的三分之一处用嫁接刀由上往下纵切,达2~3厘米深,随后立即把砧木、接穗接合,一定要紧密镶嵌双方削面,形成层对齐,并用塑料绳绑紧。

(4)切接 剪断砧木后,从断面的一侧皮层内略带木质处垂直劈入,使切口长度与接穗削面长度一致;接穗的削法是先在一侧削

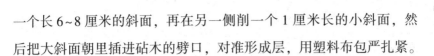

一个长 6~8 厘米的斜面，再在另一侧削一个 1 厘米长的小斜面，然后把大斜面朝里插进砧木的劈口，对准形成层，用塑料布包严扎紧。

（5）腹接　又称一刀半腹接法。选用直径不小于 2 厘米的砧木，在距地面 20~30 厘米处与砧木呈 20°或 30°角向下斜切 5~6 厘米长的大削面，背面是 3~4 厘米长的小削面，用手将砧木上部轻轻掰开，使切口张开。把接穗的斜面向内插入切口，对准形成层后，放手即可夹紧，将砧木在接口以上 5 厘米剪断，并用塑料布包严扎紧。

枝接的关键技术有以下几点需要注意：

①接穗削面长度最好大于 5 厘米，并且要保持光滑。

②接穗插入砧木接口时，必须使砧木、接穗的形成层相互对准密接。

③要用塑料薄膜将蜡封接穗的接口包扎严密，并进行松紧适度的绑缚；对于没有进行蜡封的接穗可用聚乙烯醇胶液（聚乙烯醇：水 = 1∶10 加热溶解而成）涂刷，以防接穗失水。

2. 芽接　芽接具有繁殖速度快，省工、省料、成本低等优点，已成为核桃嫁接育苗的主要嫁接方法。芽接的具体操作有很多方法，如根据芽片或切口的形状，可分为方块形芽接、环状芽接和"T"字形芽接等方法。但不管采用哪种方法，芽片均应从当年生长健壮的发育枝的中上部截取，最好是中等大小的嫩芽，最理想的砧木是一年生的壮苗，也可以用二至三年生的经平茬后的当年生枝，嫁接部位最好在砧木中下部平直光滑、节间稍长的地方。

（1）方块形芽接　方块形芽接的成活率很高，可以达到 90%以上，而且还有嫁接速度快、节省穗芽等特点。正常情况下，每人每天可以嫁接 500 株左右，目前已推广到全国各地。

首先要在嫁接前制作一把双刃芽接刀。制作方法是根据接穗节间长短不同制成边长不同的方木块，即不同规格的方木块，边长为3.6~5厘米，约2厘米厚，中间钻一个直径为2厘米的圆孔（圆孔的作用是切芽时可以让叶柄穿过，不绊叶柄，操作时便于手持，可用小手指钩住圆孔），两侧各放一个双面刀片；在刀片上面加一个用三合板做成的X形保护片，一来可以防止刀片割手，二来可以控制切芽的深度，不至于割断接穗；用两个螺丝钉从三合板的外面两边将刀片固定即可。双刃芽接刀的两面都可以使用，一个刀片通常可以嫁接500株左右，用钝时可随时取下换上新刀片。

在砧木距地面30厘米以下，选一个光滑地方，用特制的双刃芽

取芽

切砧木　　　侧撕　　　绑缚

方块形芽接法

接刀划切长1.5~2厘米（因砧木粗细而不同）的树皮，先把切口的一侧用指甲抠开，然后将切口的砧木皮撕掉。为了便于伤流液的排出，要在下切口的一侧撕下0.2厘米宽的树皮（叫伤流口，不一定要撕掉）。根据砧木粗度选取相应粗度的穗条，并用双刃芽接刀在成熟的饱满芽处取芽。从接穗上取下与砧木切口大小一样的芽片（注意不要弄掉芽内部的生长点或护芽肉），迅速将芽片嵌入砧木的切口，用2~3厘米宽的塑料条或地膜包严包紧（不可将伤流口下端包严），芽和叶柄露在外面。

另外，小方块芽接所取的方块较小，一般芽片长1~1.5厘米，宽0.6~1.2厘米，利用小芽片嫁接可采用比较细的接穗，这样可以扩大接穗的采集范围和砧木的利用率。

（2）"T"字形芽接 先把芽片切成长 3～5 厘米的盾形，上部宽 1.5 厘米。以一至二年生的砧木为宜，在其上面距离地面 10～20 厘米的地方选光滑部位切一个"T"字形切口，横向要略宽于接芽，深达木质部，长度和芽片相当，切开后将皮层用刀挑开，并迅速插入接芽，务必使芽、砧紧密相贴，要对齐上切口的形成层，然后用塑料条将其自上而下绑严。

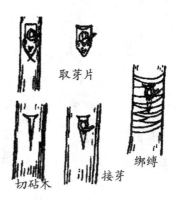

取芽片

切砧木 接芽 绑缚

"T"字形芽接法

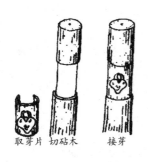

取芽片 切砧木 接芽 绑缚

环状芽接法

（3）环状芽接 在接穗上选好接芽后，先在芽上 1 厘米和芽下 1.5～2 厘米处，各环切一周，要深达木质部，然后在芽背面纵切一刀，将环状芽片取下。再于砧木适当高度的光滑处，环割取下与芽片相同大小的筒状树皮，把芽片迅速镶嵌于砧木切口内，然后绑严。要特别注意切勿让芽环左右移动。

（4）"工"字形芽接 这种方法通常在砧木和接穗粗度比较小的时候采用。要求芽片的长度为 3～4 厘米，宽 1.5～2.5 厘米。嫁接时要先在接穗上选一个大小中等的成熟芽，将其叶柄削去，上下各环切一刀，深达木质部，再从接穗背面取下 0.3～0.5 厘米宽的皮作为尺子，在砧木适当部位量取同样长度上下各切一刀，宽度达周径的三分之二左右，从中间竖着撕去 0.3～0.5 厘米宽的皮，然后将两

取芽片

切砧木

侧撕

接芽

绑缚

"工"字形芽接法

边的皮层剥开，把接穗芽片的四周剥离（仅剩维管束相连），用拇指按住接芽侧面向左推下芽片，这样可以带着护芽肉一块取下。在砧木切口中嵌入芽片，并用塑料条从下往上包严扎紧，嫁接后在接芽以上留二三片复叶剪砧，接芽成活后长到约1厘米时解绑，并在接芽的上方1厘米处进行第二次剪砧。要及时抹除砧木萌芽，以促进接芽更好地生长。

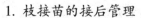

七、嫁接苗管理

1. 枝接苗的接后管理

（1）注意检查　接穗后一个月内要经常检查，接穗萌芽以后，要及时开口放风。待接口愈合、新梢生长后逐步去掉保护物并解绑。

（2）除砧苗萌芽　在嫁接愈合的过程中以及其成活后，要及时除去砧苗上的萌芽，以保证其成活和促进接穗生长。但对于没有成活的砧木苗则要选留一枝培养以便再嫁接。

（3）设立支柱　设立支柱绑缚嫁接苗，以防其被风吹折。一般情况下，解绑绳与设立支柱要同时进行。

（4）室内嫁接苗的移植　在嫁接苗的接口愈合尚不牢固时，应整株苗挪动，且轻拿轻放，谨防折断；接口已经愈合成活的嫁接苗芽，因为刚移植时其根系尚不能正常生长，如果不能吸收足够的水分供应新梢生长，就可能出现抽干死亡的现象，所以移植后要随即采取保湿措施，如定时喷水（雾），或用塑料薄膜覆盖并遮阴，待10天左右，根系恢复后，再撤去覆盖物。

2. 芽接苗的接后管理

（1）检查成活及补接 一般在芽接后15天左右即可检查成活情况，凡接芽新鲜、叶柄一触即掉者示成活，反之示死亡，没有成活的苗木要及时补接。

（2）剪砧 芽接后7~10天，应剪去接芽以上的砧木部分，以便将养分直接供给接芽生长。剪砧时应掌握正确的方法。剪口宜在接芽上部1~2厘米处，在接芽背方稍微倾斜剪下，否则会影响剪口愈合。注意核桃有髓心，不要留桩过短。干旱年份可留长些，雨多时可短些。当新梢长到30厘米左右时要剪去留下的干桩。

（3）除萌蘖 嫁接后，砧木基部容易发出大量的萌蘖，一旦发现要及时去除，以免消耗大量养分，影响接芽的生长。

（4）解除绑缚物 嫁接后15~20天时，大部分接芽已经开始生长，当新梢长到2~3厘米时，要尽快将绑缚物解除，否则容易影响砧木与接芽的养分供给通道。

（5）去幼果 如果接芽的为早实品种，嫁接后新梢上很容易开花结果，这时应及时将花序和幼果去除。

（6）设立支柱 当接芽生长到30厘米左右时，如果当地风大就应设立支柱，以防止被风吹折。

（7）掐头 当苗木生长高度超过1米时，可在8月底对其进行掐头，以利枝条充实，提高嫁接苗的质量。注意不可以过早进行掐头，以免刺激副梢萌出，消耗养分。

（8）注意土肥水管理 核桃嫁接后 20 天内禁忌灌水施肥，新梢长到 10 厘米以上时要及时浇水施肥，可同时结合进行中耕除草。秋季应控制浇水和施氮肥，适当增施磷肥、钾肥。摘心在 8 月中旬进行，可以适当增强木质化的程度。同时还要注意及时检查并防治食叶害虫。

第四节 嫁接苗木出圃

育苗的最后一个环节是苗木出圃。为保证栽植后苗木很好地生长，必须高度重视苗木的出圃工作。起苗前要对培育的苗木进行调查，核对苗木的品种和数量，根据购苗的情况，做出出圃计划，安排好苗木假植和储藏的场地等。

一、起苗和假植

核桃是深根性树种，掘苗时容易损伤，且受伤愈合能力差。因此，掘苗时保证根系质量对栽植成活率影响很大。应注意在苗木已停止生长、树叶已凋落时进行起苗。如果土壤过干，需要在挖苗前浇一次水，这样可以少伤根，便于挖苗。一年生苗的主根和侧根至

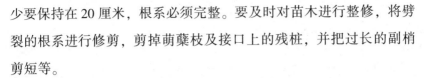

少要保持在 20 厘米，根系必须完整。要及时对苗木进行整修，将劈裂的根系进行修剪，剪掉萌蘖枝及接口上的残桩，并把过长的副梢剪短等。

苗木整修之后如果不能随即移植，可就地临时假植，根据假植时间长短分为临时假植和越冬假植。临时假植一般不超过 10 天，只要用湿土埋严根系即可，干燥时洒水。越冬假植时间长，可选择地势高、土质疏松、排水良好、交通方便的地方挖假植沟。假植沟要东西向挖，宽、深各 1 米，依据苗木的数量来确定其长度。然后分品种把苗木一排排稍倾斜地放入沟内，用湿沙土把根埋严。苗木的梢尖要与地面齐平或稍高于地面。如果苗木品种多、数量大，同埋在一条沟中的话，一定要将各品种挂牌标明并用秸秆隔开，同时建立苗木假植记录，以免混乱。每隔 2 米埋一秸秆把，使之通气。埋完后要浇小水一次，使土壤和根系结合，并使土壤中的湿度增加，防止根部受干冻。如果天气较暖时可以分次向沟内填土，以免一次埋土过深而使根部受热。

二、苗木分级

苗木分级是圃内最后的选择工作，目的是保证出圃苗木的质量和规格，提高建园时的栽植成活率和整齐度。对出圃苗木进行分级，一定要根据国家及地方的相关标准进行。不合格的苗木应被列为等外苗，不应出圃，留在圃内继续培养。

三、苗木的检疫

苗木检疫是防止病虫传播的有效措施。要严格控制被列入检疫对象的病虫，保证不使其蔓延，即使是非检疫对象的病虫也要防止其传播。因此，出圃时要对苗木进行消毒。其方法如下：

（1）石硫合剂消毒　将苗木用4~5波美度的溶液浸泡10~20分钟，再将其根部用清水冲洗1次。

（2）波尔多液消毒　将苗木用1∶1∶100倍药液浸泡10~20分钟，再将其根部用清水冲洗1次。

（3）升汞水消毒　将苗木浸入60%浓度的药液中20分钟，再用清水冲洗根部1~2次。

四、苗木的包装和运输

如果需要将苗木调运至外地，就必须进行包扎，以防止根系失水和遭受机械损伤。一般情况下，每50~100株打成一捆，将保湿材料如湿锯末、水草之类填充在根部，外面用湿草袋或蒲包把苗木的根部及部分茎部包好。途中要注意加水保湿。同时内外都要有标签，以防止品种混淆。气温低于-5℃时，要注意防冻。

第四章

建园与
园地管理

第一节 关于建园

果园建设是果树生产中的一项重要的基础工作，必须全面规划、合理安排。建立一个低成本、高效益、安全生产的果园，要处理好果树与生长环境以及与其他行业之间的关系，并实行科学的栽培技术和管理措施。核桃寿命长，喜温，喜光，喜深厚疏松且通气良好的土壤。所以建园地点的气候条件要符合计划发展的核桃品种生长发育的要求，以避免因选址不当和规划不周而带来各方面的不便及损失。

一、园地选择

我国幅员辽阔，气候、地理类型复杂多样，核桃园地的选择无论是在传统产区还是发展新区，都要依据当地的气候条件和土壤条件。因此，建园之前对当地气候、土壤、雨量、自然灾害和附近核桃的生长、发育、结果状况要进行全面的调查研究。再将拟建园地点和调研结果进行对比分析，尽量选择地势平坦、土壤肥沃、土层深厚、背风向阳、交通便利的地方，同时要求园地具有水质纯净、空气清新、无污染的良好生态环境，必须远离那些容易产生污染物的工矿、企业及交通干线。还要避免在柳树、杨树生长过的土壤上栽植核桃，以防止根腐病的发生；避免多年连作，因为连作会增大根结线虫等虫体的密度，对核桃的生长发育产生较大影响；避免选择撂荒地，因为其土壤肥力下降，生产性能已经降低。园地选择应考虑如下几个主要问题：

1. 气候 经济栽培必须在气候适宜带建园，否则将事倍功半。从地理分布看，核桃的自然产地大都是较温暖的地带，适宜核桃栽培的区域为北纬30°~40°。就垂直分布而言，在海拔700~1300米的地区核桃生长结果良好。核桃的适应性较强，北方地区多栽培在海拔1000米以下；秦岭以南多生长在海拔500~1500米之间；云贵高原多生长在海拔1500~2000米之间。

普通核桃适宜生长的温度范围较广，正常为年平均温度9~16℃，极端最低温度-25~-2℃，极端最高温度38℃以下，有霜期150天以下都可以生长。漾濞核桃只能适应亚热带气候，其能适应的年平均气温为12.7~16.9℃，最冷月平均气温为4~10℃，极端最低温度为-5.8℃。在这样广阔的区域内，生态条件差别很大，土壤类型更为多样。虽然即使超出适生范围核桃也能生长，但它对适生条件的要求却比较严格。这是因为超出适生的范围，核桃树虽然生长但会结实不良，不能形成产量，就没有多大的栽培意义。成年树对适生范围的要求较幼树要少一些。

2. 湿度 核桃在干燥的气候环境下生长仍可以正常结果，所以对大气湿度的要求并不严。但核桃生长发育对土壤的湿度比较敏感，过旱、过湿均不利于其生长结果。如果幼苗期水分不足，就会出现生长停止的情况。结果期出现过于干旱的状况，就会减弱树势，叶片小，果实也小，这种情况必须浇水。长时间晴朗而干燥的天气，能促进核桃开花结实。一般在排水不良、长期积水的情况下，特别是受到污染后，就会使核桃树缺氧，随之造成根系腐烂，甚至整株死亡。

3. 土壤　核桃根系庞大，对土壤质地的要求是结构疏松，保水透气性好。所以核桃适于种植在沙壤土和壤土上，土层厚度要在 1 米以上。黏重板结的土壤和过于瘠薄的沙地都不利于其生长发育。普通核桃对土壤酸碱度的适应范围是 7.0~7.5，也就是说其在中性或微碱性土壤上生长最佳。漾濞核桃对土壤酸碱度的适应范围为 5.5~7.0。土壤含盐量宜在 0.25% 以下，稍有超过即会影响生长结实，如果土壤有过高的含盐量则极容易导致核桃死亡，而氯化盐比硫酸盐危害更大。核桃喜钙，在石灰质土壤上生长良好。

4. 地形　地形应选择背风向阳的山丘缓坡地、平地及排水良好的沟坪地。需要 1 米以上的土层厚度，pH 6.5~7.5，地下水位应在地表 2 米以下。我国山地面积占全国陆地面积的三分之二以上，大部分地区都是在山坡地栽培核桃。山地具有日照充足、空气流通、排水良好等特点，但同时因为山地地形复杂、土层较薄、肥水条件较差、通常气候多变以及交通不便等情况，往往给核桃的生产管理带来一定困难。所以，如果要在山地栽植核桃，应特别注意海拔高度、坡度、坡向、坡形及土层的厚薄等条件，还要注意核桃对温度、光照、水分等条件的适应情况。

另外，要保证排灌方便，特别是早实品种密植丰产园应达到涝能排水、旱能灌溉的要求。

注意园地的前茬树种，在柳树、杨树、槐树生长过的地方栽植核桃，易染根腐病，应尽量避开。还要尽量避免工业废气、污水及过多灰尘等的不良影响。

二、核桃园规划

核桃园地选定之后，就要根据建园任务与当地自然条件，本着集约化、规模化，充分利用土地、光能、空间和便于经营管理的原则做出具体的规划设计。园地规划设计是一项综合性工作，在规划时要按照核桃的生长发育特性，选择适合当地的栽培条件，以满足核桃正常生长发育的要求。对于那些栽培条件相对较差的地区，要充分研究当地的土壤、肥水、气候等方面的特点，采取相应措施，改善环境，在设计的过程中，逐步加以解决和完善。

园地规划设计的主要内容包括建园规模、建园类型、密度、方式、地块数量、土地整修、治理和土壤改良工程设计、排灌系统设置、作业区划分、道路规划、品种配置、栽植方式等。在风沙较大的地区规划设计时还要将防护林的设置放到里面。

1. 规划设计的步骤

（1）园地调查 规划前必须对建园地点的基本情况进行详细调查，以便掌握要建园地的概貌，为园地的规划设计提供依据，防止因规划设计不合理而对生产造成损失。调查时要有从事果树栽培、植物保护、气象、土壤、水利、测绘等方面工作的技术人员参与，当然还要有农业经济管理人员。具体的调查内容要包括以下几个方面：

①社会情况。包括建园地区的人口、劳力情况、土地资源、经济状况、技术力量、机械化程度、管理体制、市场销售、干鲜果比

价、农业区划、交通能源情况以及有无污染源等。

②果树生产情况。当地核桃等果树的栽培历史，主要包括树种、品种，果园总面积、总产量，各种果树的单位面积产量；历史上果树的兴衰及原因；经营管理水平及存在的主要病虫害等。

③气候条件。包括年平均温度、生长期积温、无霜期、极端最高和最低温度以及年降水量等。要注意常年气候的变化情况，尤其是对核桃为害较严重的灾害性天气，如冻害、晚霜、雹灾、涝害等。

（2）土壤调查 包括土壤质地，酸碱度，土层厚度，有机质含量，氮、磷、钾及微量元素的含量以及园地的前茬树种或作物。

（3）水利条件 包括水源情况、水利设施等。

建园规划设计要按照县、乡、村、户不同层次用户的要求进行，规划设计分外业调查和内业设计两个步骤展开。设计单位要在规划设计完成后与用户座谈，进行意见交流和方案修订，并最终形成正式规划。

2. 测量和制图 对面积较大的园地或山地园，要进行面积、地形、水土保持工程的测量工作。平地测量比较简单，常用罗盘仪、经纬仪和小平板仪，将平面图以导线法或放射线法绘出，将突出的地形变化和地物标明。山地建园还需要进行等高测量，以便修筑梯田、撩壕、鱼鳞坑等水土保持工程。

测绘园地之后，即可按核桃园规划的要求，根据园地的实际情况，对作业区、防护林、道路、建筑用地、品种的选择和配置、排灌系统等进行规划，并将核桃园按照比例绘制出平面规划设计图。

三、不同栽培方式建园的设计内容

核桃主要有三种栽培方式。第一种是集约化园片式栽培，不管幼树期是否间作，到成龄树时都会成为纯核桃园。第二种是立体间作式栽培，将核桃与农作物或其他果树、药用植物等长期间作，这种栽培方式的经济效益快而高，因为这种方式可以充分利用空间和光能，且有利于核桃的生长和结果。第三种栽培方式是利用路旁、沟边或庭院等闲散土地进行零星栽植，这也是我国进行核桃生产不可忽视的重要形式。

在第三种栽培方式中，只要园地符合要求，并进行适当的品种配置，就可以进行零星栽培。如果采用其他两种方式，都需要在定植前，根据具体情况进行周密的调查和规划设计。主要内容包括：核桃品种及品种的配置，作业区划分及道路系统规划，防护林、水利设施及水土保持工程的规划设计等。

1. **作业区的划分**　核桃园的基本生产单位就是作业区，其形状、大小、方向都要与当地的土壤条件、地形及气候特点相适应，并与园内道路系统、排灌系统及水土保持工程的规划设计相互配合协调。为了保证技术的一致性，作业区内的土壤及气候条件应基本一致，在耕作比较方便、地形变化不大的地方，可将作业区面积定为50~100亩。地形复杂的山地核桃园，为减少和防止水土流失，要依据自然流域划定作业区，不硬性规定面积大小。作业区的形状以长方形为多。平地核桃园，作业区的长边要垂直于当地风害的方向，行向与作业区长边一致，以减少风害。山地建园，作业区可采用带状长方形，作业区的长边要与等高线的走向相一致，以提高工作效率。同时，要使作业区内的土壤、光照、气候条件等相对一致，这样更有利于水土保持工程的施工及排灌系统的规划。

2. 防护林的设置　在核桃园设置防护林，可以降低风速，减少风害，保持水土，削弱寒流，减少土壤水分蒸发和土壤侵蚀，增加空气温度和湿度。主林带要垂直于有害风向，栽植乔木 3~5 行，带距在 300~400 米；其余林带要与道路相结合，在路的一侧栽植 1~2 行乔木。山地核桃园的防护林应设在分水岭上，林带结构最好为透风林带，结合乔灌木，要选用材质佳、经济价值高、生长旺盛、冠形密集并与果树无共同或相互传染病虫害的树种，林带与核桃之间要有足够的距离，一般不能少于 15 米。平地及沙荒地核桃园防护林的主要目的是防风固沙，最好在建园前先行营造，以保护幼树。

3. 道路系统的规划　为使核桃园生产管理高效方便，应根据需要设置宽度不同的道路。配置道路系统要以便于田间活动、机械化作业，减轻劳动强度，提高劳动效率为原则。各级道路应与作业区、防护林、排灌系统、输电线路、机械管理等互相结合。一般大中型核桃园由主路（或干路）、支路和小路三级道路组成。主路宽度要求为 5~7 米，贯穿全园，以能通过汽车和小型拖拉机为准。支路是连接主路通向作业区的道路，宽度要求为 4~5 米。小路是在作业区内从事生产活动的要道，宽度要求为 2~3 米。一般小型核桃园可以不设置主路和小路，只设支路。山地核桃园要根据其地形修建道路。如果是坡地道路，要选择坡度比较缓的地方修路，路面要内斜，并在路面内侧修筑排水沟。

4. 排灌系统的设置　排灌系统是核桃园科学、高效、安全生产的重要组成部分，所以建园时，必须建立起完善的排灌系统。山地干旱地区的核桃园，为满足核桃树生长发育的需求，可以结合水土保持、修水库、开塘堰、挖涝池等办法，尽量保蓄雨水。临河的山地，要设计安排提灌站，引水上山；如果距离河流较远，则灌溉水源应以地下水为主，但必须保证水质是未受

污染的合格水。为合理浇水、节约用水，生产上要大力推广喷灌、滴灌、渗灌、小管出流等节水技术。平地核桃园，除打井修渠满足灌溉，对于易沥涝的低洼地带，要设置排水系统。

输水和配水系统，包括干渠、支渠和灌水沟。干渠的作用是将水引到园中，所以是纵贯全园的。支渠是把干渠的水引至作业区。灌水沟是把水从支渠引至行间，直接灌溉树盘。一般干渠的位置要高一些，以利于扩大灌溉面积，山地核桃园要将其设在分水岭上或坡面上方，平地核桃园在主路的一侧设置即可。干渠和支渠一般可以采用地下管网。山地核桃园的灌水沟应与等高线的走向保持一致，配合水土保持工程，按一定的比例修成，可以排灌兼用。

核桃属深根树种，忌水位过高，地下水位距地表不能小于2米，否则就会抑制核桃的生长发育。所以，不能忽视排水问题，特别是地下水位较高的下湿地和地势起伏较大的山地核桃园，都应重视排水系统的设计。山地核桃园多采用明沟法排水，主要排出地表径流，排水系统由梯田内的等高集水沟和总排水沟组成。集水沟可修在梯田内沿，但总排水沟要设在集水线上。平地核桃园的排水系统由小区以内的集水沟和小区边沿的支沟与干沟三部分组成，干沟的末端是出水口。根据平时地面积水情况来决定集水沟的间距，一般间隔2~4行挖一条。通常要按照排灌兼用的要求来设计支沟和干沟，如

果地下水位过高，则需要结合降低水位的要求加大深度。

5. 授粉树配置 选择栽植的核桃品种，要具有良好的商品性状和较强的适应能力。核桃是单性花、雌雄异熟、异株授粉，有风媒传粉距离短及坐果率差异较大等特性。为了提供良好的授粉条件，最好选用2~3个主栽品种，而且能互相授粉。通常要将早实和晚实品种分开，至于早实核桃的雄先型与雌先型之间以及晚实核桃的雄先型与雌先型之间，则可以相互授粉。原则上主栽品种与授粉品种的最大距离应小于100米，各地应根据当地的地理条件、管理水平以及核桃不同品种的主要特性，选择3~5个最适品种进行重点发展。专门配置授粉树时，可以按照每4~5行主栽品种配置一行授粉品种。山地梯田栽植时，可以根据梯田面的宽度，配置一定比例的授粉树，原则上主栽品种与授粉品种的比例不低于8：1。授粉品种也应具有较高的商品价值。

6. 栽植密度 根据立地条件、栽培品种和管理水平的不同，核桃的栽植密度也不同，设定栽植密度要以单位面积能够获得高产、稳产、便于管理为原则。在肥力较高、土层深厚的条件下栽培，树冠会比较大，株行距也要相应大些，早实核桃可采用4米×5米或4米×6米，也可采用3米×3米或4米×4米的计划密植形式，当树冠郁闭、光照不良时，可有计划地间伐成6米×6米和8米×8米；晚实核桃可采用6米×8米或8米×9米。

梯田栽植一般一台一栽一行，如果台田小于4米，也可以两个台面栽一行。如果在经过治理的坡地上栽植，要注意位置，凡已经修好的水平梯田，可将幼树栽在靠近梯田外侧三分之一的地方，既方便管理，又有利于生长。如果是没有修成的坡式梯田，可以在田面中央栽植，以防梯田修正后发生漏根或埋干现象。

对于栽植在耕地坝堰、田埂，以种植作物为主，实行果粮间作的核桃园，不适合对间作密度进行硬性规定，一般其株行距为 6 米×12 米或 8 米×9 米。

四、园地标准化整地

1. **土壤准备** 核桃树的主根庞大，水平根分布较广，所以对土壤的要求是土层深厚、较肥沃、含水量较高。不管是平地还是山地栽植，都应提前进行土壤熟化和增加肥力的准备工作。土壤准备主要包括平整土地、修筑梯田及水土保持工程的建设等，在此基础上还要进行定点挖坑、深翻熟化改良土壤、增加有机质等各项工作。

在平整土地、修筑建筑梯田、建好水土保持工程的基础上，要按照预定的栽植设计，测量出核桃的栽植点，并根据这些点来挖栽植穴。要在栽植前一年的秋季将栽植穴或栽植沟挖好，使心土有一定的熟化时间。栽植穴的直径和深度应为 1 米以上。密植园可以挖栽植沟，沟深与沟宽为 1 米。不管是进行穴植还是沟植，都要将表土与心土分开堆放。沙地栽植，应混合适量黏土或腐熟秸秆，以改良土壤结构；如果在黏重土壤或下层为砾石的土壤上栽植，应扩大定植穴，并采用掺沙、客土、填充草皮土或表面土、增施有机肥的方法来改良土壤；山岭地土层浅薄的果园，可用定点或定线放"闷炮"的形式爆破，以增厚土层。挖好定植穴后，将表土、有机肥和化肥混合后进行回填，每个定植穴施优质农家肥 30~50 千克，磷肥 3~5 千克，然后浇水压实。如果是低湿地或地下水位高的果园，要先降低水位，改善全园排水状况，再挖定植沟或定植穴。

2. **肥料贮备** 肥料是核桃生长发育良好的物质基础。特别是有机肥所含的营养比较全面，可增加土壤孔隙度，改善土壤结构，提高土壤腐殖质含量以及土壤的保水和保肥能力。在核桃栽植时，施入适量的有机底肥，能提高树体的抗逆性和适应性，有效促进核桃的生长发育。如果同时加入适量的磷肥和氮肥作为底肥，会有更显著的效果。所以，在苗木定植以前，要先做好肥料的准备工作，可按每株 50~100 千克或每公顷 3000~6000 千克的数量准备有机肥，按每株 3~5 千克准备磷肥。如果底肥用秸秆的话，就要施入适量的氮肥。

五、苗木定植

1. 苗木准备　苗木的质量直接关系到建园的成败。一般情况下，成活率较高的是栽植一至二年的良种嫁接苗。其标准是苗高 60 厘米以上，地径 1.2 厘米以上，要保留 20 厘米以上的主根、15 条以上的侧根，且要求接口愈合良好、健壮、充实、没有病虫害。如果需要长途调苗，则应注意保湿包装，避免风吹、日晒、冻害及霉烂，还要通过严格的病虫害检疫。在没有成品嫁接苗但急需建园的情况下，可以先用二年生以上的实生大苗按设计密度先定砧苗，待成活 2~3 年后，再采用拟选品种接穗，一次改接成园。

2. 栽植时间　正常情况下，从秋季落叶后到春季萌动前都可以进行栽植，因为这一时期苗木处于休眠状态，体内贮藏营养丰富，水分蒸腾较少，根系易于恢复，栽植成活率较高。春栽多在土壤解冻后至萌芽前进行，秋季多在落叶以后至地面上冻以前栽植。但在冬季严寒、低温时间较长的地区，秋栽容易产生生理干旱造成"抽条"或出现冻害而降低成活率。所以在北方核桃以春栽为宜，特别是芽接苗，一定要在春天定植。在冬季温暖不干旱的地区秋栽比春栽效果好，伤口及伤根可以愈合，第 2 年春季发芽早且生长壮，成活率相对较高。在容器内进行核桃苗的栽植不受季节限制，一年四季都可以栽植。根系带土团的核桃苗应利用阴雨天栽植，随挖随栽，成活率也很高，不落叶，没有缓苗期。

3. 定植 栽植以前，将苗木的伤根、烂根剪除后，用泥浆蘸根，使根系吸足水分，以利成活。远途调苗，需在清水中浸泡一昼夜后再栽植。

挖好定植穴以后，要先在坑底填入表土和土粪混合物，然后再放进苗木，舒展根系，分层填土踏实，培土至与地面相平，全面踏实后，打出树盘，充分灌水，待水渗下后，用土封好，力求横竖成行。苗木栽植深度以该苗原入土深度为宜，过深则生长不良，树势衰弱；过浅则容易干旱，造成死苗。栽后 7 天再灌水一次。

4. 提高成活率的措施 挖大穴，保证苗木根系舒展；防治病虫害，早春金龟子吃嫩叶、芽，故应特别注意；在灌溉困难的园地，树盘用地膜覆盖不仅能防旱保墒，还能增加地温，促进根系再生恢复。北方部分地区，可将二至三年的核桃枝条在越冬前涂抹上动物油，有一定的防寒作用。

六、定植后管理

为了保证苗木栽植成活，促进幼树生长，应加强栽后管理。管理内容主要包括施肥灌水、检查成活情况、苗木补植、幼树防寒抽条及幼树定干等，具体措施要根据当地的条件而定。

1. 施肥灌水 要在栽植后的两周再灌一次透水，这样可以提高栽植成活率。此后，如果遇到高温或干旱的情况还应及时灌溉。栽植灌水后，也可用地膜覆盖树盘，以减少土壤水分蒸发。在干旱地区，覆膜可有效提高苗木的成活率。要经常检查土壤湿度，干旱时应及时浇水。在生长季，结合灌水，可追施适量化肥，前期主要追施氮肥，后期则主要施以磷钾肥，也可进行叶面喷肥。

2. 幼树防抽条　我国华北和西北地区冬季干旱，气温较低，栽后2~3年的核桃幼树经常发生抽条现象，而且地理纬度越高，抽条情况越严重。

提高树体自身的抗冻性和抗抽条能力是防止核桃幼树抽条的根本措施。要加强水肥管理，按照"前促后控"的原则，7月份以前主要施以氮肥，7月份之后则以磷肥为主，并适当控制灌水。在8月中旬以后，要对正在生长的新梢进行多次摘心并开张角度或喷布1000~1500毫克/千克的多效唑，可以有效控制枝条的长势，增加树体的营养贮藏和抗性。要在入冬前灌一次冻水，将土壤的含水量提高，可以有效减少抽条的发生。另外还要及时防止大青叶蝉在枝干上产卵。

对于一至三年生的幼树防抽条，最安全的方法是在土壤结冻前，将苗木弯倒全部埋入土中，覆土30~40厘米，第2年萌芽前再把幼树扶出扶直。不易弯倒的幼树，涂刷10倍聚乙烯醇胶液，也可在树干上绑秸秆、涂白，尽量减少核桃枝条水分的损失，避免抽条发生。

3. 检查成活情况及苗木补植　春季萌发展叶后，应及时检查苗木的成活情况。对未成活的植株，要找出死株原因，并及时补植同一品种的苗木，使建园树生长整齐，方便管理。

4. 幼树定干和其他管理　栽植已成活的幼树，如果够定干高度，要及时进行定干。通常在春季萌芽前进行定干，一般定干高度要依据栽培方式、土壤和环境、品种特性等条件来确定。早实核桃的树冠比较小，定干高度一般为1.0~1.2米；晚实核桃的树冠较大，定干高度一般为1.2~1.5米；有间作物时，定干高度为1.5~2.0米。栽植于山地或坡地的晚实核桃，因为土层较薄，肥力较差，定干高度可在1.0~1.2米。通常情况下，立地条件好的定干可高些，密植时要低些，早期的密植丰产园干高可定为0.6~1米。

为了促进幼树的生长发育，还应加强病虫防治、及时进行人工除草及合理的土壤管理等。

第二节 园地管理

核桃园地管理包括土、肥、水的管理，这是核桃丰产园的基础管理，尤其新建园容易被人们忽视，而这恰恰是栽培管理的重要环节。核桃树是多年生植物，树大根深，必须从土壤中吸收大量的营养物质，才能满足其生长发育的需要。我国核桃园往往建在土壤条件较差的沙地、山地和盐碱地上，水利设施配套差，土壤的有机质含量比较低。所以只有加强土、肥、水的管理才能使树势旺盛，进一步抓好树体管理，才能保证核桃园连年稳产高产。

一、土壤管理

土壤管理是果树优质丰产的基础，通过改善土壤结构、增厚土层、提高土壤肥力、改良土壤理化性状、减少水土流失等可以为根系生长创造良好的条件。土壤资源只有在合理开发利用和科学管理的基础上，才能充分发挥其应有的作用。如果在核桃生产中只注重当前利益，忽视了土壤的科学利用和管理，就会出现一系列问题，从而影响核桃生产效益。果园土壤改良的目标是力求使土壤形成团粒结构，含有较大的空隙度，并使土壤肥力和水分状态达到果树的正常生长发育所要求的程度。所以，生产上通常采取深翻改土、浅翻、中耕和除草、生草栽培、园地覆盖、合理间作等一系列措施。

1. 深翻改土　土壤深翻是核桃园改良土壤的重要技术措施之一，它不仅有利于改善土壤结构、增强透气性、提高保水保肥能力、减少病虫害的发生，还有利于使根系分布向深处发展，从而扩大树体营养吸收的范围。深翻适合在采收后至落叶前进行。这个时期的断根容易愈合，能长出大量新根，如果结合秋施基肥，则有利于树体吸收、积累养分，为来年生长和结果奠定良好的基础。深翻以60~100厘米的深度范围为好，过浅则效果较差。深翻有很多方法，常用的有以下几种。

（1）深翻扩穴（又叫放树窝子）　定植穴（沟）除在建园时适合挖掘外，幼树期间，随着树冠的扩大，根据其根系的伸展情况，从定植后第2年开始，可以将定植穴逐年向外深翻扩大。可在树的一侧沿定植穴向外挖宽60厘米、长120厘米的长方形沟，根据土质情况来确定深翻的深度。对土壤瘠薄、质地坚硬的山地果园，要达到 80 厘米以上的深度。至于滩涂果园，深翻的深度应浅一些，一般为 20~40 厘米。以后每年沿上一年扩穴沟的外缘再向外挖掘扩展，直至株行间全部翻通为止。深翻能改善土壤的通透性，熟化土壤，加速土壤有机质的分解，从而促进根系的生长发育。深翻扩穴要结合施用有机肥，以达到改土和促根的双重目的。

（2）梯田深翻　为了促进梯田果园内侧的生土熟化，可从堰根开始向外翻，直到与垫方接壤为止。这项工作一次完成有困难的，可分年完成。

（3）行间深翻　每年在树冠投影的外缘开一个深 60~100 厘米、宽 40~60 厘米的条状沟，直至全园翻通为止。也可以隔一行翻一行，逐年轮换，这样每次只伤一侧的根，对树体的影响比较小。

（4）全园深翻　这种方法最好在建园前一次完成，或在幼树期一次翻完。全园深翻一次需要较多劳力，但翻后便于平整，有利于操作。

深翻时要将表土与底土分开堆放，回填时要先填表土，后填底土。深翻时要注意尽量少伤根，特别是粗度 1 厘米以上的大根。同时深翻时还要及时回填土，以免长时间风吹日晒和低温为害。

2. 浅翻　在土壤管理中，除做好深翻改土，每年还要进行多次浅翻，一般都在春、秋两季进行。秋翻深度以 20~30 厘米为宜，春翻可以浅一些，以 10~20 厘米为宜。浅翻既可人工挖、刨，也可以使用机器。有条件的地方最好进行全园浅翻；也可以树干为中心，翻至与树冠投影相切的位置。

3. 中耕和除草　中耕和除草是核桃园土壤管理中经常采用的两项紧密结合的技术措施，中耕是除草的一种方式，除草也是一种较为简单的中耕。

（1）中耕　主要作用是改善土壤的通气状况，消灭杂草，减少养分、水分的竞争，造就深、松、软、透气和保水保肥的土壤环境，以促进根系生长，提高核桃园的生产能力。在整个生长季中，可以进行多次中耕。早春解冻之后要及时进行耕耙或全园浅刨，并结合镇压，以保持土壤水分，提高土温，促进根系活动。秋季可以进行相对深的中耕，使干旱地的核桃园多蓄雨水。涝洼地的核桃园可散墒，以防止土壤的湿度过大及通气不良。

（2）除草　在不必要进行中耕的土地进行，也可以同时进行。杂草不但会与核桃树竞争养分和阳光，有的还是病菌的中间寄主和害虫的栖息处，容易导致病虫害的发生和蔓延。因此，除草工作需要经常进行。应选择晴天进行除草。近几年由于劳力紧缺，人力除草的费用较高，许多专业户往往采用化学除草剂除草。其中，草甘膦是最常用的化学除草剂，效果比较好。深根、有地下茎的一年生和多年生杂草尤其适用草甘膦，每667平方米用41%草甘膦300~360毫升，兑水75~100升。施药时注意不可以喷到树上，要尽量与植株保持一定距离，可以在喷头戴个保护罩，喷头向下，最好在无风时进行。

4. 生草栽培　我国传统的果园管理方式往往只强调清耕除草，因此会导致果园地力下降、投入增加、生态退化、果树早衰、品质下降。果园生草技术是发达国家开发成功的一项果园管理技术，采用此技术可以有效克服以上缺点。

果园生草可以快速、显著地提高土壤的有机质含量，增进地力，改善土壤结构，改良土壤；果园生草可以相应改善小气候，使果园天敌的数量增加，有利于果园的生态平衡；果园生草后增加了地面覆盖层，可以有效减少土壤表层温度的变幅，有利于果树根系的生长发育；果园生草还有利于提高果实品质等。另外，在山地、坡地进行果园生草，可以起到水土保持的作用，提高土地利用率，降低生产成本，减少果园投入，同时促进果树业的可持续发展。

果园生草的品种要求具备耐阴、耐踩和抗旱的特点，同时还要对土壤、气候有广泛的适应性；一般对草种的要求是须根发达，固地性强，最好是匍匐生长，有利于保持水土；还要求草种生长快，产量高，富集养分能力强，刈割后易腐烂，有利于土壤肥力的提高。在草种根系生长和植物体腐烂的过程中，不会分泌或排放对果树有害的化学物质。选择草种时，还要注意选择与果树树种无共同病虫害且有利于保护害虫天敌的品种。草应矮小（一般不超过40厘米），不能有攀缘茎和缠绕茎，要有较好的覆盖性，方便果园管理和作业。草种还要有易繁殖、栽培，早发性好，覆盖期长，易被控制等特点。

适合果园生草的种类有豆科的白三叶草、紫花苜蓿、扁豆黄芪、田菁、红三叶草、匍匐箭、豌豆、黑豆、多变小冠花、百脉根、乌豇豆、绿豆、紫云英、沙打旺、苕子等；有益的杂草有泥胡菜、荠菜、夏至草等；禾本科的有早熟禾、野牛筋、羊胡子草、结缕草、剪股颖、鸭茅、燕麦草等。核桃园最好选用三叶草、扁豆黄芪、绿豆、田菁、紫花苜蓿等豆科牧草，也可用豆科和禾本科牧草混播或与有益杂草如夏至草等搭配。

按等高线挖撩壕的"围山转"山地果园，在行间的荒坡上，可以种植草木樨、紫穗槐、龙须草等宿根草类和灌木。紫穗槐是多年生落叶的豆科植物，生长迅速、根系发达，适应性强，抗寒、耐碱、耐旱、耐瘠薄，根部有大量的根瘤，有明显的固氮和改良土壤的作用。

5. 园地覆盖 果园覆盖技术是指用秸秆（小麦秆、油菜秆、玉米秆、稻草等农副产物和野草）或薄膜覆盖果园的方法。在果园中进行覆盖，可以相应调节土壤温度（冬季升温、夏季降温），增加土壤中有机质的含量，提高肥料利用率，控制杂草生长，减少水分的蒸发与径流，从而提高果实品质。

①一年四季都可以进行覆草，但最好的时间是夏末、秋初。覆草厚度以 15~20 厘米为宜，并在草上进行点状压土，以免被风吹散或引起火灾。

②一般选择在早春进行覆膜，最好是春季追肥、整地、浇水或降雨后，趁墒覆盖地膜。覆盖地膜时，要用土将四周压实，最好让中间稍低一些，以利于汇集雨水。在干旱地区覆盖地膜可显著提高幼树的成活率，所以对新植的幼树覆地膜尤为重要。

6. 合理间作　合理间作可以充分利用光能、地力和空间，提高果园的经济效益。间作并不是仅在幼龄果园为了增加前期经济效益而采取的栽培方式，而是在核桃生产中普遍存在的采用不同形式长期间作的栽培方式。

核桃比其他果树容易管理，与粮食作物没有共同的病虫害，一般年份，病虫发生较轻，用药次数少，不会污染环境。肥水方面虽存在矛盾，但是只要加强肥水管理，科学调整粮食作物，便能获得树上、树下双丰收。间作种类和形式应以有利于果树的生长发育为原则，要留出足够的树盘，避免使树体的正常生长发育受到影响。幼龄果园，可间作小麦、花生、绿肥、豆类、薯类、草莓等矮秆作物，切忌种植瓜菜，否则幼树易遭浮尘子的为害。株行距较大、立地条件好、长期实行间作的果园，其间作物种类会比较多，既有高秆的玉米、高粱等，也有矮秆的棉花、薯类、瓜菜、小麦、豆类、花生等，但轮作制度一定要严格。在荒山、滩地建造的果园，肥力低，立地条件比较差，间作应以养地为主，可间作绿肥和豆科作物等。虽然立地条件比较好，但已经基本郁闭的果园，通常不适合间种作物，有条件的可在树下培养食用菌，进行生态养殖等。

果园间作时一定要保持较好的水分条件，因为间作物与果树会存在竞争水分的情况，在干旱天气时很容易导致树体缺水。要保证间作物和果树的水分需求，就需要有好的水分条件。要想获得果粮双丰收，就必须加强肥水管理。

二、施肥原则、方法与标准

1. 肥料选择标准　20 世纪 70 年代以来，随着化肥的开发与应用的增多，在生产中对化肥的使用大幅度增长，从而使有机肥的使用量不断减少，大有以化肥取代有机肥的趋势。化肥在核桃的生产中发挥巨大的作用，同时也有很多不良之处，如造成地下水污染、土壤板结、土壤污染、病虫害严重和核桃品质下降，甚至造成增产、增收幅度小等现象。这也与当前发展绿色食品以及农业走可持续发展道路相矛盾。所以在施肥时，要尽量坚持以有机肥料（如厩肥、堆肥、饼肥、绿肥等）为主，配合使用适量的化肥；主要进行土壤施肥，配合根外施肥（叶面喷肥）。同时，为了进行科学施肥，一定要选用符合生产无公害果品要求的肥料。

选择肥料时，除了要考虑核桃的品种、立地条件、树龄、树势和树体生长状况，还要充分考虑肥料利用率、肥料搭配、养分平衡等因素。

2. 核桃不同时期的施肥标准　核桃喜肥。据相关资料表明，每收获 453.6 千克核桃就要从土壤中夺走纯氮 12.25 千克，丰产园每年每 100 平方米就要从土壤中夺走 90.7 千克的氮。所以，适当多施氮肥可以增加核桃出仁率，氮、钾肥还可以改善核仁品质。但核桃的需肥特性在不同的个体发育时期有很大差异，在生产上确定施肥标准时，一般将其分为幼龄期、结果初期、盛果期和衰老期四个时期。

（1）幼龄期　核桃树的幼龄期指从建园定植开始到开花、结果前的时期。幼龄期根据苗木的不同情况，持续的时间也不同。一般早实核桃品种为 2~3 年，如鲁光、丰辉、辽宁 1、辽宁 3、辽宁 4 号、香玲、中林 1 号、中林 5 号、西扶 1 号等；晚实核桃品种一般为 3~5 年，如西洛 2 号、清香、晋龙 1 号、晋龙 2 号等；实生种植苗的幼龄期一般在 2 至 10 年不等。这一期间内，主要以营养生长为主，树冠和根系快速地加长、加粗生长，为迅速转入开花、结果积蓄营养。促进树体扩根、扩冠，加大枝叶量是此时栽培管理和施肥的主要任务。同时还要注意大量满足树体对氮肥的需求，注意磷、钾肥的施用。

（2）结果初期　结果初期是指开始结果至大量结果且产量相对稳定的一段时期。营养生长相对于生殖生长逐渐缓慢，树体继续扩冠、扩根，主根上的侧根、细根和毛根大量增生，分枝量、叶量增加，大量形成结果枝，角度逐渐开张，产量逐年增长。这一时期进行栽培管理和施肥的主要任务是，树体逐渐成形，保证植株良好生长，形成大量的结果枝组，增大枝叶量。此期对氮肥的需求量仍很大，但要适当增加磷、钾肥的施用量。

（3）盛果期　核桃树处于大量结果的时期为盛果期。生殖生长和营养生长处于相对平衡的状态，根系与树冠已经扩大到最大限度，枝条、根系都开始更新，产量、效益都处于高峰阶段。这一时期要加强灌水、施肥、修剪和植保等综合管理措施，调节树体营养平衡，延长结果盛期时间，防止出现大小年结果现象。因此，此时树体需要大量营养，如氮、磷、钾等，增施有机肥是保证高产稳产的措施之一。

（4）衰老期　从产量开始下降，新梢生长量极小，骨干枝开始枯竭衰老，内部结果枝组大量衰弱，直至死亡的一段时期为衰老期。这一时期的管理任务是通过修剪对树体进行更新复壮，同时加大氮肥供应量，促进营养生长，恢复树势。

在实际操作中，核桃园的施肥标准要综合考虑个体发育时期及品种的生物学特点以及具体的土壤状况来确定。因为各核桃产区的土壤类型繁杂，栽培品种不同，需肥特性各不相同，加之各地肥水管理水平差异较大，所以施肥时可根据具体条件，灵活执行。

3. 施肥方法　核桃树在一年的生长过程中，可分为两个阶段：生长期和休眠期。生长期是从核桃春季芽萌动开始，经过展叶、开花、坐果、枝条生长、花芽分化以及果实发育、成熟、采收，直到落叶结束；休眠期指从落叶后开始至第2年春季芽萌动前为止。在一年的生长发育中，开花、坐果、果实发育、花芽分化和形成均是核桃树需要营养的关键时期，应根据核桃的不同物候期合理施肥。

（1）基肥　基肥大多以迟效性有机肥为主，能为树木生长发育提供多种营养元素，而且持续时间比较长，同时还能很好地改良土壤理化性状。基肥可以春施也可以秋施，一般秋施比较好。秋季核桃果实采收前后，树体内的养分被大量消耗，并且花芽分化处于高峰时期，根系也处于生长高峰，急需补充大量的养分。同时，这个时期光合作用旺盛、根系生长旺盛，有利于吸收大量的养分，树体的贮存营养水平提高，有利于枝芽充实健壮，增强抗寒力。

秋施基肥宜早不宜晚，过晚施肥往往不能及时补充树体所需养分，从而影响花芽分化质量。一般在采收前后（9月份）施入核桃基肥为最佳。施肥以有机肥为主，加入部分速效性氮肥或磷肥。施基肥可以采用放射状施肥、条状沟施肥和环状施肥等方法，但以开沟50厘米左右深施，或结合秋季深翻改土施入最好。施肥时一定要注意全园普施、深施，然后灌足水。

（2）追肥　为了满足树体在生长期急需的养分，需要进行追肥，特别是在生长期中的几个关键需肥时期，需要施入以速效性肥料为主的肥料。追肥是基肥的必要性补充。

追肥的次数要根据时间、气候、土壤、树龄、树势等诸多因素来决定。树龄幼小、树势较弱的树，宜少量多次性追施，高温多雨地区及沙质壤土肥料容易流失，追肥也宜少量多次。追肥要满足树体的养分需要，所以施肥与树体的物候期也紧密相关。萌芽期的新梢生长点比较多，花器官次之，所以要先满足新梢生长的需要；在开花期，树体的养分就要先满足花器官的需要；坐果期，先满足果实养分的需要，新梢生长点次之。全年中，需肥的关键时期是开花坐果期，幼龄核桃树一般每年追肥2~3次，成年核桃树追肥3~4次为宜。

①第一次追肥。要根据土壤状况和核桃品种的不同来进行，早实核桃追肥一般在雌花开放以前，晚实核桃在展叶初期（4月上中旬）施入较好。这一时期是决定核桃开花坐果、新梢生长量的关键时期，为促进开花坐果、增大枝叶生长量，就要及时进行追肥，肥料主要为速效性氮肥，如磷酸氢铵、硝酸铵、尿素，或是果树专用复合肥料。施肥方法采用环状施肥、穴状施肥、放射状施肥均可，施肥深度要浅于施基肥，通常以20厘米左右为佳。

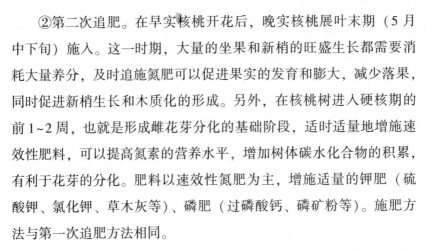

②第二次追肥。在早实核桃开花后，晚实核桃展叶末期（5月中下旬）施入。这一时期，大量的坐果和新梢的旺盛生长都需要消耗大量养分，及时追施氮肥可以促进果实的发育和膨大，减少落果，同时促进新梢生长和木质化的形成。另外，在核桃树进入硬核期的前1~2周，也就是形成雌花芽分化的基础阶段，适时适量地增施速效性肥料，可以提高氮素的营养水平，增加树体碳水化合物的积累，有利于花芽的分化。肥料以速效性氮肥为主，增施适量的钾肥（硫酸钾、氯化钾、草木灰等）、磷肥（过磷酸钙、磷矿粉等）。施肥方法与第一次追肥方法相同。

③第三次追肥。是在6月下旬结果期的核桃硬核后施入。这个时候，核桃树体进入生殖生长的旺盛期，核仁开始发育，同时花芽进入迅速分化期，需要大量的磷、钾、氮肥。肥料施入以磷肥和钾肥为主，适量施氮肥。如果要用鸡粪、猪粪、牛粪等有机肥进行追肥，要比速效性肥料提前20~30天施入，施用后会有更好的效果。追施方法同第一次追肥。

④第四次追肥。在果实采收以后施入。采果后，因为发育果实而消耗了树体内的大量养分，花芽继续分化也需要大量养分。此时应及时补充土壤养分，以增加树体养分积累，提高花芽分化质量，较好地调节树势，从而提高树木抵抗不良环境的能力，增强抗寒能力，使其顺利过冬。

（3）叶面喷肥 是土壤施肥的一种辅助性措施，又称根外追肥，是把一定浓度的肥料溶液用喷雾工具直接喷洒到果树叶面上，从而提高果实质量和数量的一种施肥方法。

叶面喷肥具有直接性和速效性等优点，主要利用了果树上部，包括茎、叶、果皮等器官能直接吸收养分的特性。一般叶面喷肥15

分钟至 2 小时养分便可以被吸收，特别是在遇到突发性缺素症、自然灾害或为了补充极易被土壤固定的元素时，通过叶面喷肥可以及时挽回损失。因此，叶面喷肥操作简单，肥料利用率高，成本低，效果好，是一种经济有效的施肥方式。

要依土壤状况、树体营养水平对叶面喷肥的肥料种类、浓度、喷肥时间做具体计划。喷施原则是：在缺水少肥地区次数可多些，生长期前期浓度可适当低些，后期浓度可高些。一般在上午 8~10 时或下午 4 时以后进行叶面喷肥比较好，阴雨或大风天气不适合进行，如果遇到喷肥 15 分钟后下雨的情况，最好在天气转晴以后补施一遍。

喷肥一般可喷 0.3%~0.5% 的磷酸钾、硫酸铜、尿素、过磷酸钙、硫酸亚铁、硼肥等肥料，以补充氮、钾、磷等大量元素和微量元素。如果花期喷硼肥，可以相应提高坐果率。5~6 月份喷硫酸亚铁可以使树体叶片肥厚并增强光合作用，7~8 月份喷磷酸钾可以有效地提高核仁品质。

三、水分管理

目前，在核桃生产中，水分管理也是综合管理中的一项重要措施，正确把握灌水的时间、次数和用量，显得十分重要。

1. 需水特点 核桃树体高大，叶片宽阔，蒸腾量较大，需水较多，水分不足会严重影响树体生长发育、花芽分化和坚果产量。核桃对空气的干燥度不敏感，但对土壤的水分状况比较敏感，只要有良好的灌溉条件，即使天气长期晴朗而干燥，日照强烈且有较大的昼夜温差，也可以促进核桃大量开花结实，并提高果仁品质和产量。

如果在核桃幼龄期树生长季节的前期干旱，而后期多雨，那么枝条容易徒长，从而造成越冬抽条；如果土壤水分过多，通气不良，根系的呼吸作用就会受阻，严重时还会使根系窒息，从而影响树体生长发育。所以不管土壤过湿还是过旱，都会影响核桃的生长和结实状况。因此，根据核桃树的代谢活动规律，进行科学灌水和排水，才能保证树体的根、枝、叶、花、果的正常分化和生长，实现核桃的优质高效生产。

选择在坡地上种植核桃，必须要做好修筑梯田等水土保持工程。在易积水的地方要解决排水问题。年降水量在 600~800 毫米而且分布均匀的地区，基本上可以满足核桃生长发育的要求。我国南方的核桃产区绝大多数年降水量在 1000 毫米以上，除特别干旱的年份一般都不需要再浇水。北方的核桃产区年降水量多在 500 毫米左右，而且分布不均匀，通常表现为春季干旱少雨，这时就要适时灌水。研究表明，当田间土壤最大持水量低于 60%（土壤绝对含水量低于 8%）时，需要及时灌水。

2. 灌水时期的确定　核桃是生长期需较多水分的树种，通过根系从土壤中吸收水分，然后水分被运送到树体地上部分的各器官细胞中，由于细胞膨压的存在才使各器官保持其各自的形态。

一年当中，树体的需水规律与器官的生长发育状况是密切相关的。一旦关键时期缺水，就会产生各种生理障碍，从而对核桃树体的正常生长发育和结实产生影响，所以这个时期就需要通过灌水来保证核桃生长发育的需要。但灌水的时间与次数，应根据当地的气候变化、土壤水分、立地条件和树体的物候期确定。以下是核桃生长发育过程中几个需水关键时期，如果缺水，需要通过灌溉及时补充水分。

（1）第一次灌水通常在春季核桃树萌芽的前后　北方地区的3月下旬至4月上旬，核桃要顺利完成萌芽、抽枝、展叶和开花等生命过程，就需要有充足的水分供应。而此时正是北方的春旱季节，如果土壤墒情较差，就要及时进行灌水。其目的是减轻春旱，促使秋施肥继续发挥肥效，从而促进树体生长和结果。

（2）第二次灌水在立夏以后花芽分化前　北方地区雨季来临前的5~6月份，正是缺水干旱季节。此时正好是核桃果实膨大和树体迅速生长的时期，其生长量可达全年生长量的80%以上，而且已经开始分化雌花芽，树体内的生理代谢十分旺盛。如果此时水分不足，不仅会导致大量落果，还会影响花芽分化。因此这一时期应及时灌水。

（3）第三次灌水是在果实采收后到落叶前　10月下旬至落叶前，可以结合秋施基肥进行灌水，要求一定灌足灌透，这样才有利于基肥腐烂分解和受伤根系的恢复、促发新根以及树体贮藏营养，为来年萌芽、开花和结果奠定营养基础。

水源充足的地方还可在土壤上冻前再灌一次透水，俗称"打冻水"，这可以提高树体的抗寒能力，对核桃树越冬非常有利。

3. 灌水量的确定　最适宜的灌水量，应在一次灌溉中，使根系分布范围内的土壤湿度达到最有利于核桃生长发育的程度。若只浸润表层或上层根系分布范围，则不能达到灌水的要求，并且由于多次补充灌溉，容易引起土壤板结。因此，必须一次灌透。一般一次灌透需要浸润土层1米以上。灌水量的确定可根据灌溉前土壤湿度、土壤容重、田间持水量、要求土壤浸湿深度等来计算，即灌水量＝灌溉面积×要求土壤浸湿深度×土壤容重×（田间持水量-灌溉前土壤湿度）。

假设要灌溉 1 公顷（15 亩）核桃园，使 1 米深度的土壤湿度达到田间持水量（23%），该土壤容重为 1.25，灌溉前根系分布层的土壤湿度为 15%。按上述公式计算：灌水量 = $15 \times 666.7 \times 1 \times 1.25 \times (0.23-0.15)$ = 1000（吨）。在每次灌水前都要对土壤湿度进行测定，田间持水量、土壤容重、土壤浸湿深度等项，可数年测定一次。

应该注意的是，核桃园水分管理应前促后控，即春季多浇水，雨季还应注意排水。其目的在于控制新梢后期徒长，促进树体健壮，提高开花及坐果率。

4. **灌水方法** 核桃园可采用常规灌溉，提倡节水灌溉。目前常用的灌溉方法有畦灌、沟灌、盘灌、穴灌、喷灌、渗灌和滴灌等，其中，喷灌、渗灌和滴灌属于比较先进的节水型灌溉方法。

（1）畦灌 畦灌是将核桃园整个树行做成多个大畦来引水灌溉的方法，也叫分区灌溉。该方法具有灌水量大、湿润范围大、方法简便的优点，其缺点是用水量大，易造成土壤板结，灌后需及时中耕松土。用此方法进行灌溉的核桃园，要求地势平坦，水源充足。

（2）盘灌 盘灌是在树盘引水灌溉。灌溉前可先将盘内的土壤进行疏松，使水容易渗透，灌溉后要将表土耙松，或用草覆盖，以尽量减少水分蒸发。该方法的优点是灌水量小，节水，对土壤结构破坏小。但因为其浸润土壤的范围比较小，仍会有破坏土壤结构或使土壤板结的缺点。

（3）沟灌 沟灌又叫浸灌，是在核桃树行间开沟引水灌溉的方法。其优点是灌溉水经沟底和沟壁渗入土中，对核桃园土壤浸润较均匀，而且不会破坏土壤结构，所以是灌溉常用的一种方法；缺点是需水量较大。

（4）穴灌 穴灌是在树冠投影的外缘挖穴，将水灌入穴中，以灌满为度。要根据树冠的大小来决定穴的数量，一般为8~12个，直径30厘米左右，穴深以不伤粗根为准，灌后要将土还原。如果在干旱期进行穴灌，可以长期保存穴，而不用盖土。这一方法用水经济，浸湿根系的土壤范围较宽且均匀，不会引起土壤板结，适宜在水源缺乏的地区推广运用。

（5）喷灌 喷灌是由水源、动力水泵、输水管道及喷头组成的半自动化机械将水喷射呈雾状进行灌溉的方法。与传统的灌溉相比，喷灌可以节水10%~30%，且可保持土壤原有的疏松状态，减少对土壤结构的破坏。喷灌可结合叶面喷肥同时进行，有提高空气湿度、调节气温等改善核桃园小气候的作用。据报道，在夏季喷灌能降低2~9.5℃的果园空气温度，降低地表温度2~19℃，提高15%的果园空气湿度。同时，喷灌也适用于地形复杂的山坡地。微型喷灌在美国很普及，是目前灌溉技术中较先进的方法。低头微型喷灌每株一个喷头，干旱时每天喷雾多次，使土壤水分保持比较合适的程度。微型喷雾可以有效减轻冻害，所以用微喷防冻，可收到明显的效果，一般能提高气温0.5~1.5℃。如果将低位微型喷灌改为高位，会有更好的防霜冻效果。

（6）渗灌 渗灌加秸秆覆盖是干旱果园节水保水的有效技术措施之一，具有省水、省工、效益高、成本低、不蒸发损耗、便于使用、不板结土壤等特点。渗灌系统包括渗水池、渗水管、阀门三部分。渗水池容量应在10米以上，作为渗水管的塑料管，其长度要与树行相同，直径为2厘米左右，每间隔40厘米左右要在塑料管的两侧及上面打3个针头大的小孔，总管装在距池底高约10厘米的阀门上，要在渗水管上安装过滤网，以防管道堵塞。通常情况下，如果是行距3米的果园，每行宜埋1条渗水管，行距在4米以上的要埋2

条渗水管。水通过塑料管上的小孔，源源不断地渗入根际范围的土壤中。

（7）涌灌　水源通过滴灌装置形成细水流或水滴，缓慢渗透到根部的土层中。此法比喷灌省水 50% 左右，是普通灌水量的四分之一至五分之二，可以维持稳定的土壤水分，同时还能保持根域土壤的通气性，节省劳力，不受园地地形限制，有显著的增产效果。

有条件的核桃园尽量采用喷灌、滴灌或渗灌等节水灌溉方法。滴灌、渗灌等还可实行水肥一体化，与追肥同时进行，省时省力，效果好。

5. 加强对园区雨水的集蓄利用　北方的四季雨量分布不均匀，雨水大多集中在 6~8 月，其他季节往往干旱少雨。即使这有限的水也会造成大量的流失，所以加强对园区雨水的集蓄利用显得十分重要。

河南省济源市经过多年的摸索和实践，总结出了一套修建水窖、集蓄雨水的配套技术。干旱、半干旱地区推行的一种用于集纳、保存和利用雨水的封闭式储水设施叫作水窖。修建水窖要注意几点：一是为了保证暴雨过后有足够的径流灌满水窖，要有一定的径流面积；二是要有不小于 5 米的水层厚度；三是要进行严格的防渗处理。建造水窖的规格及技术要点如下：

（1）水窖规格

①水窖主体。包括窖口、瓶颈段、蓄水段三部分。水窖体为坛形，口小肚大，此形既能多蓄水又能防蒸发、防冻，便于保护。

从窖口到窖底总深度为 6 米。

a. 窖口：窖口直径约 0.8 米。

b. 瓶颈段：窖口到蓄水段的非蓄水段是较细的瓶颈段，深度为

1.5 米左右。

c. 蓄水段：水窖的主体部分即水窖蓄水部分，深度为 4.5 米，直径由顶部逐渐加大，最大直径是 4 米。然后逐步缩小，窖底直径为 3 米。

②水窖附属设施。包括窖口台、窖盖、进水管、沉淀池、集水沟等。

a. 窖口台：主要用来保护窖口，并防止水分的蒸发，同时保护人畜安全。

b. 窖盖：用水泥钢筋制成，直径 0.9 米。

c. 进水管：用于将沉淀池中的水引入水窖，进水管可以是塑料管，也可以是水泥管。

d. 沉淀池：一般宽 1 米，长 1.5 米，深 1 米。沉淀池距窖口 2~3 米。

e. 集水沟：用以将汇水面径流引进沉淀池。

（2）施工技术要点

a. 施工时要注意安全，水窖开挖至少需要 2 人，如遇沙砾层和软土层应停挖，另选窖址。

b. 最好在春秋季施工，如雨季施工应将窖口用土围好，防止地面水流入水窖。

c. 挖好水窖后将窖壁整光，并挖出上、中、下分布均匀的 3 个扣带，以起支撑加固作用，每个扣带宽、深各 0.1 米。

d. 窖壁、窖底抹上三层水泥，沙浆中水泥和沙的配比是第一层 1∶3，第二、三层 1∶2。沙浆抹层总厚为 3~4 厘米，第三层随抹随压光净面，最后涮一层浆。

6. 保墒方法

（1）薄膜覆盖 薄膜覆盖一般在春季的 3~4 月份进行，覆盖时可顺行覆盖或只在树盘下覆盖。覆膜能减少水分蒸发，提高根际土壤含水量；覆膜也能提高土壤温度，有利于早春根系生理活性的提高，促进微生物活动，加速有机质分解，增加土壤肥力；盆状覆膜具有良好的蓄水作用；覆膜还能明显提高幼树栽植成活率，促进新梢生长，有利于树冠迅速扩大。

（2）果园覆草 一年四季均可以进行覆草，最好的时间是春末夏初（5 月份）。提倡树盘覆草，覆草时注意新鲜的覆盖物最好经过雨季初步腐烂后再用，覆草后应注意向草上喷药，因为不少害虫栖息在草中，喷药可以起到集中诱杀的效果。秋季要注意清理树下的落叶和病枝，防治早期落叶病、炭疽病等的发生。另外不少平原地区总结改进了核桃园覆草技术，即每年 5 月份进行夏覆草、秋翻埋的树盘（树畦）覆草，用草量为 1500 千克左右，厚度保持在 5 厘米左右，盖至秋施基肥时翻入地下。

（3）使用保水剂 保水剂是一种高分子树脂化工产品，外观像盐，白色或微黄色，无味、无毒，是呈中性的小颗粒。它遇到水后能在很短的时间内吸足水分，其颗粒吸水膨胀 350~800 倍，吸水后形成胶体，即使对其施加压力也不会将水挤出。把保水剂掺到土壤中，它就像一个贮水的调节器，降水时会贮存雨水，并把水分牢固地保持在土壤中。遇到干旱时就会将水分释放出来，持续不断地供给果树根系吸收。同时，因为它将水分释放出来，本身的体积就会不断收缩，逐渐将它所占据的空间腾了出来，所以这样又有利于土壤中空气含量的增加，能有效避免由于灌溉或雨水过多而造成的土壤通气不良。它不仅可以吸收雨水和灌水，还能从大气中吸收水分。

它可以在土壤中反复吸水，连续使用 3~5 年。

7. 排水方法　我国绝大多数的核桃产区都位于山区和丘陵地区，自然排水条件良好，不需要人工排涝。但对于栽植在平原地带、低洼地区和河流下游地区的核桃树，地表往往会有积水或者地下水位太高，就会对核桃树的正常生长发育产生严重影响，所以应及时排水，以免对树体造成不利影响或降低产量。

我国降低地下水位和排水的方法主要有：

（1）修筑台田　如果核桃园建在低洼易积水的地段，要在建园前先修筑台田。台田的标准是：比地面高 1~1.5 米，台面宽 8~10 米，中间留宽 1.5~2.0 米、深 1.2~1.5 米的排水沟。

（2）排出地表积水　在低洼且易积水的核桃园中，要挖若干条排水沟，并在核桃园周围挖排水沟，这样不但有利于园内积水外排，也可以防止园外的水流入园内。

（3）降低水位　在地下水位比较高的核桃园内，挖掘排水沟降低水位。可以根据核桃树的根系生长情况来确定排水沟的标准，挖深 2 米左右的排水沟，可以有效降低地下水位。

（4）机械排水　对于面积不大、积水量不多的核桃园，可以用水泵进行排水。

第五章

核桃的整形与修剪

整形修剪的原则、意义和依据

一、整形修剪的原则

整形修剪是核桃栽培管理中一项重要的技术措施。核桃树如果不修剪，也可以结果，但往往会结果少，果实小，枯枝多且寿命短。如果在幼树阶段任其自由发展，不加以修剪，则不容易形成良好的丰产树形结构。如果在盛果期不修剪，就会出现结果部位全部在外围，形成表面结果，而内膛遮阴，枝条枯死，达不到立体结果的效果，而且果实会越来越小，小枝干枯严重，病虫害多，很难更新复壮。所以，合理地进行整形修剪，可以形成良好的树体结构，使骨架牢固，枝条疏密适宜，并能调节生长与结果的关系，从而达到高产、优质、稳产、树体健壮和长寿的效果。核桃树整形修剪要遵循"有形不死，无形不乱，随枝作形，因树修剪"的原则。

二、整形修剪的意义

1. 调节核桃树体与环境间的关系 整形修剪可调整核桃树个体与群体结构，提高光能利用率，创造较好的微域气候条件，更有效地利用空间。良好的群体和树冠结构，还有利于通风，调节湿度、温度和便于操作。提高有效叶面积指数和改善光照条件，是核桃树整形应遵循的原则，必须二者兼顾。只顾前者，往往影响品质，进一步也会使产量受影响；只顾后者，则往往影响产量。

增加叶面积指数，主要通过增加叶丛枝比例，多留枝，改善群体和树冠结构来实现。改善光照主要通过控制叶幕，改善群体和树冠结构来完成。其中通过合理整形，可协调两者的矛盾。

稀植时，整形主要考虑个体的发展，要重视树冠结构合理及其各局部势力均衡，并能快速利用空间，尽量做到枝量多，扩大树冠快，层次分明，先密后稀，骨干开展，势力均衡。密植时，整形需要考虑的是群体发展，注意调节群体的叶幕结构，解决群体与个体的矛盾，尽量做到树冠要矮，骨干要少，控制树冠，通风透光，个体服从群体，先"促"后"控"，以结果来控制树冠。

2. 调节树体各局部的均衡关系

（1）利用地上部与地下部动态平衡规律调节核桃树的整体生长 核桃树地上部与地下部是相互制约、相互依赖的，二者保持着动态平衡。增强或减弱任何一方，另一方的强弱都会受到影响。修剪就是有目的地调整两者的均衡，以建立新的有利的平衡关系。但具体反应，受到接穗和砧木生长势的强弱、剪留枝芽或根的质量高低、新梢生长对根系生长的抑制作用大小、贮藏养分的多少以及环境和栽培措施（如土壤湿度和激素应用）等的制约而有所变化。

修剪虽然促进局部生长，但对生长旺盛、花芽较少的树，因为剪去了一部分器官并减少了同化养分，一般会抑制全树生长，使全树总生长量减少，这就是通常所称的修剪的二重作用。但是，对花芽多的成年树，由于剪去部分花芽和更新复壮等的作用，总生长量反而会比不修剪的增加，从而促进全树生长。

修剪在利用地上部与地下部动态平衡规律方面，还应依修剪方法和修剪时期而定。如果树冠修剪是在年周期里树体内贮藏养分最少的时期进行，则修剪较重，因为叶面积的损失越大，根的饥饿程度就会越重，导致新梢生长反而削弱，对整体和局部都会产生抑制效应。如果核桃春季修剪得过晚，在抽枝展叶后进行修剪，就会因消耗过多养分，又无叶片同化产物回流，致使根系严重饥饿，往往造成树势衰弱。对于生长旺盛的树，如通过合理摘心，全树总枝梢生长量和叶面积也有可能增长。

由此看来，修剪利用地上部与地下部动态平衡规律所产生的效应会随着修剪方法、部位的不同以及树势、物候期等的不同而改变：有可能局部促进，整体抑制；此处促进，彼处抑制；此时加强，彼时削弱。必须具体分析，灵活应用。

（2）调节营养器官与生殖器官的均衡　在核桃树一生中同时存在着生长与结果这一基本矛盾，而且贯穿始终。为给高产稳产优质创造条件，可以通过修剪进行调节，使二者达到相对均衡。调节时，首先，要使优质营养器官有足够数量的保证。其次，要使其能产生一定数量的花果，并与营养器官的数量相适应，如花芽过多，就必须疏剪花芽和疏花疏果，促进根叶生长，维持两类器官的均衡。最后，要着眼于各器官各部分的相对独立性，使一部分枝梢结果，另一部分枝梢生长，相互转化，每年交替，使两者达到相对均衡。

（3）调节同类器官间的均衡　同类器官之间在一株核桃树上也存在着矛盾，需要通过修剪加以调节，以有利于生长结果。用修剪调节时，要注意器官的质量、数量和类型。有的为了使生长适中，有利于结果，就要抑强扶弱；有的为了提高器官质量，就需要选优去劣，集中营养供应。对于枝条，在保证有一定数量的同时，还要搭配和调节长、中、短各类枝的比例和部位。要去除一部分徒长旺枝，以缓和竞争，使多数枝条健壮以利于生长和结果。结果枝和花芽的数量较少时，应尽量保留；雄花数量过多时，要选优去劣，减少消耗，集中营养，保证留下的生长良好。

3. 调节树体的营养状况　调整树体叶面积，可以使光照条件得以改善，影响光合产量，从而使树体营养制造状况和营养水平得到改善。

调节地上部与地下部的平衡，可以使根系的生长受到影响，从而影响无机营养的吸收与有机营养的分配状况。

调节营养器官和生殖器官的比例、数量和类型，可以使树体的营养积累和代谢状况得以改善。

对无效枝叶的控制和对花果数量的调整，可以使无效消耗的营养得以减少。

对器官数量、输导通路、枝条角度、生长中心等的调节，可以使营养物质得以定向地运转和分配。修剪后的核桃树其树体内的养分、水分都会有很明显的变化。修剪可以提高枝条的水分含量和含氮量。不同的修剪程度，其含量变化都会有所不同。但是，在新梢发芽和伸长期修剪对新梢内碳水化合物含量的影响和对含氮及含水量的影响相反，随修剪程度加重而有减少的趋势。

当地条件和自然环境对核桃的生长都会产生较大的影响。在多雨多湿的地带，果园的光照和通风条件较差，树势容易偏旺，栽植密度应适当小一些，并对树冠的体积进行适当控制，留枝密度也要适当减小；在干燥少雨的地带，通风较好，果园光照充足，则核桃可栽得密一些，留枝也可适当多一些；在土壤瘠薄的山地、丘陵地和沙地，核桃的生长发育往往受到限制，树势一般表现较弱，主干可矮一些，整形可以采用小冠型，主枝数目要相对多一些，层间距要小，层次要少，修剪应稍重，少疏枝，多短截；在地势平坦、土壤肥沃、灌水条件好的果园，核桃往往容易旺长，整形修剪可采用大冠型，主枝数目适当减少，主干要高一些，层间距要适当加大，修剪要相对轻一些；在风害较重的地区，应选用小冠型，降低主干高度，要适当减小留枝量；易遭霜冻的地方，冬剪时应多留花芽，待花前复剪时再调整花量。

三、整形修剪的依据

1. 品种和生物学特性 对于一些萌芽力比较弱的品种，因为其中短枝抽生的少，进入结果期较晚，对幼树进行修剪时要多采用缓放和轻短截；有的品种成枝力弱，扩展树冠较慢，修剪时要少疏枝，多短截；有的品种主要以中、长果枝结果为主，修剪时应多缓放中庸枝，以形成花芽；修剪以短果枝结果为主的品种时，要多轻截，促发短枝形成花芽；对于干性强的品种，在修剪中心干时应选弱枝当头或采用"小换头"的方法抑制上强；有的品种干性弱，修剪中心干时为防止上弱下强，要选择强枝当头；对于枝条较直立的品种，要及时开角缓和树势，使花芽利于成形；对于枝条易开张下垂的品种，要应注意利用直立枝使角度抬高，以维持树势，防止衰弱。

2. 核桃树的年龄时期
对生长旺的树进行修剪宜轻剪缓放，注意留辅养枝，疏去过密枝，弱枝应短截，重剪少疏，还要多注意背下枝的修剪。核桃树从以营养生长为主转向以结果为主的时期是初果期，此时树体尚未完成发育，结果量在逐年增加，这时的修剪既要利于扩大树冠，又要利于逐年增加产量，同时还要为盛果期树的连年丰产打好基础；对于盛果期的树，在保证其树势和树冠体积的前提下，应尽量促使盛果期年限的延长；进入衰老期的核桃树营养生长开始衰退，结果量下降，此时的修剪要使之达到维持产量、复壮树势、延长结果年限的目的。

3. 枝条的类型 因为各种枝条对营养物质的积累和消耗都不同，所以不同枝条所起的作用也不同，修剪时要根据用途和目的的不同采取不同的修剪方式。树冠内膛的细弱枝所积累的营养物质比较少，若用于辅养树体，可暂时保留；如果生长过密，就会对通风透光产生影响，可将部分疏除，同时可起到减少营养消耗的作用。

中长枝营养积累比较多，除满足其本身的生长需要，还能提供营养给附近的枝条，如果要用于辅养树体，可作为辅养枝修剪；若用于结果，就可以采用促进成花的修剪方法。强旺枝消耗营养多，生长量大，甚至争夺附近枝条的营养，如果要用于建造树冠骨架，可根据需要进行短截；如果它和发育枝争夺营养，就应该采用缓和枝势的修剪方法或进行疏除；如果需要利用其更新复壮枝势或树势，就可以采用短截法促使旺枝萌发。

4. 地上部与地下部的平衡关系 核桃树由地上与地下两部分组成一个整体。生产合成树木所需营养物质的两个主要部分就是叶片和根系。叶片和根系在光合产物和营养物质的运输分配中相互影响、相互联系，并由树体本身的自行调节作用使地上和地下部分保持着相对平衡关系。当外加人为措施（如土壤、水肥及修剪等）或环境条件改变时，这种平衡关系就会受到破坏和制约。破坏其平衡关系后，核桃树会在变化了的条件下逐渐建立起新的平衡关系。但是，地上与地下部的平衡关系并非都对生产有利。

在土壤深厚、肥水充足时，树体往往会表现为营养生长过旺，对及时结果和丰产将产生不利的影响，所以在修剪时要区别对待这些情况。如对瘠薄和干旱土壤中的核桃，应在加强土壤改良，充分供应氮肥和适量供应磷肥、钾肥的前提下，适当地短截和少疏枝，以利于枝叶的生长；对土壤深厚、肥水条件好的核桃，则应在适量供应肥水的前提下，通过疏花疏果、缓放等措施，促使及时结果，保持产量的稳定。再如衰老树，树上会有很多细弱短枝，而粗壮旺枝减少，地下的根系也会减弱，这也是地上部与地下部的一种平衡状态。要对这类树更新复壮，就应首先改善土壤条件，增施肥水，并及时进行更新修剪。如果只顾地上部的更新修剪，而肥水供应不充足，地上部的光合产物就不能增加，地下的根系发育也就得不到改善，反过来又会对地上部更新复壮的效果产生影响，从而使新的平衡关系无法建立。

结果数量也是影响地下部分生长的重要因素。在不定肥水时，必须对坐果量的控制进行修剪，以保持地下部与地上部的平衡。如果有太多坐果，则会抑制地下根系的发育，使树势衰弱下去，并出现大小年的现象，甚至有些树体还会因为结果太多而衰弱致死。

第二节 适宜树形与整形过程

严格来说，核桃树的整形和修剪与苹果树、梨树等是一样的，最好采用疏散分层形或自然开心形等树形。但因为核桃枝叶繁多，树体高大，修剪和不修剪之间不像苹果树、梨树那样有千差万别，所以，一般对核桃树多采用简化操作，以提高经济效益。在实际生产中，可根据品种特点、立地条件、管理水平、栽植方式等选择合适的整形方式。通常情况下，稀植时可以用主干形，密植时可用开心形；山地栽培生长弱，宜培养成开心形，在平地及管理水平较高的条件下，生长势较强，可培养成主干形；早实核桃干性弱，宜用开心形，晚实核桃干性强，宜用主干形。

一、疏散分层形

最高产的核桃树形应该是疏散分层形。这种树形的主要优点是：树体高大强健，枝多而不乱，内膛光照好，寿命长，产量高。这种树形几乎没有缺点。其特点是有明显的中心干，主枝5~7个，分2~3层着生在中心主干上。成形后的树，虽然树冠呈半圆形，但通风透光良好，产量高，负载量大，寿命长。这种树形适于干性强和立地条件好的稀植树。其整形方法如下：

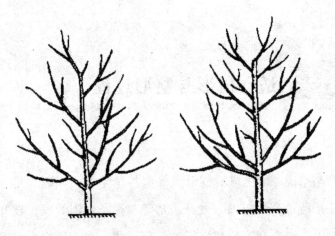

疏散分层形

1. 定干 定植后当幼树达到定干要求的高度时，即可定干。栽培条件较好时，对分枝力强的品种，可采用短截法定干；对栽培条件较差的弱树，则不适合采用短截法定干，可用确定主干高度选留主枝的方法，否则很容易形成开心形。早实核桃有很强的萌芽力，定干时要注意抹除整形带以下的芽。

早实核桃树体小，结果早，定干可以相对矮些，一般为 1.2~1.6 米（干高 0.8~1.2 米）。晚实核桃树体高大，结果晚，定干应高些，一般为 1.7~2.0 米（干高 1.2~1.5 米）。一般密植丰产园可按 0.8~1.4 米定干（干高 0.4~1.0 米）。如果是株行距较大的间作园，为了便于作业，可按 2.0~2.5 米定干（干高 1.5~2.0 米）。

2. 整形过程　定干的当年或第二年，在主干高度以上，从 3 个不同方位（水平夹角约为 120°）选留生长健壮的枝，作为第一层主枝。发枝多的可一次选留，发枝少、生长势差的可分两年选留。层内的主枝间距应不少于 20 厘米，主枝开张角度以 60° 左右为宜。在树冠顶部选垂直向上的壮枝作为中心枝。要注意，如果第一层主枝的层内距过小或选留的最上一个主枝距离中心枝的顶部过近，都会对中心主干的生长产生影响，甚至出现"掐脖"现象，从而影响上部枝条生长，使树体不平衡，甚至造成树冠层次不够的问题。

对于五至六年生的晚实核桃、四至五年生的早实核桃，当一二层主枝的层间距在一定程度（晚实核桃 80~100 厘米，早实核桃 60 厘米）以上已经有壮枝时，可选留第二层主枝，一般为 2~3 个。同时可以在第一层主枝上选留侧枝，第一侧枝距主枝基部的长度为：早实核桃 60 厘米左右，晚实核桃 80~100 厘米。要在同一旋转方向上选留同级侧枝，以免交叉、重叠。

对于六至七年生的晚实核桃、五至六年生的早实核桃，要继续培养第一层主、侧枝并选留第二层主枝上的侧枝以及第三层主枝，第三层主枝一般为 1~2 个。第二层和第三层主枝的层间距为：早实核桃 1.5 米左右，晚实核桃 2 米左右。如果只留两层主枝，则应加大第一层主枝和第二层主枝的层间距，使之与留三层主枝的第二、三层主枝的层间距相同。选留完主枝后，在最上一个主枝上方落头开心。至此，疏散分层形骨架基本形成。

在选留和培养主、侧枝的过程中，对早实核桃要注意控制和利用好二次枝，以加速结果枝组形成和防止结果部位外移。晚实核桃要注意促其分枝，以培养结果枝和结果枝组，还要注意防止非目的性枝条对树形的干扰，及时剪除骨干枝上的萌蘖及过密枝、重叠枝、细弱枝、病虫枝等。

二、自然开心形

自然开心形多用于瘠薄土壤园地和较开张的品种以及经营管理技术高的早实核桃密植园。这种树形的主要优点是：树冠成形快，通风透光条件好，结果早。其缺点是：对修剪要求高，需要每年都进行修剪以维持树形，否则通风透光条件会急速恶化。其特点是一般有 2～4 个主枝，无中心主干。其整形容易，便于掌握，方法如下：

自然开心形

1. 定干　定干高度可以比疏散分层形稍矮，定干方法与疏散分层形相似。

2. 整形过程　对于三至四年生的晚实核桃、二至三年生的早实核桃，在整形带内，按不同方位选留已萌发的壮芽或 2～4 个枝条作为主枝，主枝间距为 20～40

厘米。可一次选留主枝，也可分两次选定。各主枝的长势要接近，开张角度要近似（一般在60°以上），以保持长势的均衡。

对于四至五年生的晚实核桃、三至四年生的早实核桃，选定各主枝后，开始选留一级侧枝，由于开心形树形的主枝比较少，侧枝应适当多留（3个左右）。各主枝上的侧枝要均匀分布，上下错落。第一侧枝可以离主干稍微近些，一般以晚实核桃60~80厘米、早实核桃40~50厘米为宜。

对于六至七年生的晚实核桃、五至六年生的早实核桃，开始在一级侧枝上选留1~2个二级侧枝。至此，开心形树体骨架基本形成。

三、自然圆头形

对核桃树放任其生长，一般会形成自然圆头形。这种树形的主要优点是：投资少，省工，可以利用树木本身的调节来达到整形和疏枝的效果。其缺点是：树形乱，果实小，产量低，易发生枝枯和病虫害，寿命短。

所以，在劳力紧张、树体散生、光照条件特别好以及对修剪技术掌握不精的情况下，可以使用这个树形。但一定要将枯枝和病虫枝及时除去，最好是每隔5~8年去掉一个在树体上方向朝南的、挡光最厉害的大枝。

四、纺锤形

此形适用于早实品种的密植园。树高约 6 米，干高 60 厘米左右，直立，有中央干，其上自然分布 15~20 个侧枝，向四周伸展，下部的侧枝略长，外观像纺锤一样。

第三节 修剪时期与方法

一、修剪时期

核桃树在休眠期修剪有伤流，这有别于其他果树。长期以来，为了避免伤流损失树体营养，一般都在春季萌芽后（春剪）和采收后至落叶前（秋剪）对核桃树进行修剪。近年来，辽宁省经济林研究所、河北农业大学、陕西省果树科学研究所等均进行了冬剪试验及示范。结果表明，核桃冬剪不仅对生长和结果没有不良影响，而且在新梢生长量、树体主要营养水平、坐果率等方面都要比春秋修剪效果好。研究人员认为，休眠期修剪所损失的主要是少量矿质营养和水分，而秋剪会对光合作用和叶片营养尚未回流产生损失，春剪对新器官形成和呼吸消耗有所损失。相比之下，营养损失最多的是春剪，秋剪次之，反而是休眠期修剪损失最少。

目前，休眠期修剪已经基本在陕西省秦岭以南地区及河北省涉县等地普及，均未发现有不良影响，其他各地也可大胆采用。如果从不伤害间种作物和方便操作等方面考虑，也以休眠期修剪为好。但从伤流发生的情况看，只要在休眠期造成伤口，就会一直有伤流，直至萌芽展叶。因此，在提倡休眠期修剪核桃的同时，应根据实际工作量尽可能延期进行，最好是在萌芽前结束修剪工作。

二、修剪方法

1. 短截　短截是指将一年生枝条的一部分剪去，作用是促进新梢生长，增加分枝。生长季将新梢顶端幼嫩部分摘除，称为摘心，也称为生长季短截。在核桃幼树（尤其是晚实核桃）上，为了增加枝量，通常采用短截发育枝的方法。短截以一级和二级侧枝上抽生的生长旺盛的发育枝为修剪对象，其剪截长度为四分之一至二分之一，短截后一般会有 3 个左右较长的枝条萌发。在一至二年生枝交界轮痕上留 5~10 厘米剪截，类似苹果树修剪的"戴高帽"，可以促使枝条基部的潜伏芽萌发，一般会在轮痕以上萌发 3~5 个新梢。轮痕以下可萌发 1~2 个新梢。对核桃树上的弱枝或中等长枝不适宜进行短截，否则会刺激下部发出细弱短枝，髓心较大，组织不充实，冬季易发生日烧面干枯，影响树势。

2. 疏枝　疏枝是指将枝条从基部疏除。疏枝的对象通常为雄花枝、干枯枝、无用的徒长枝、病虫枝、过密的交叉枝和重叠枝等。如果雄花枝过多，就会在开花时消耗大量营养，从而导致树体衰弱，所以修剪时要进行适当的疏除，以节省营养，增强树势。如果核桃枝条的髓心较大，组织疏松，就容易枯枝焦梢。枯死枝除本身没有生产价值，还可成为病虫滋生的场所，所以要及时剪除。当树冠内部枝条密度过大时，要本着去弱留强的原则，将过密的枝条随时疏除，以利于通风透光。疏枝时，为了便于剪口愈合，应紧贴枝条基部剪除，切不可留橛。

3. **缓放** 又叫长放，其作用是增加中短枝数量，缓和枝条生长势，有利于营养物质的积累，促进幼旺树结果。除背上直立的旺枝不适合进行缓放（可拉平后缓放），对其余枝条进行缓放都会收到较好的效果。水平伸展且较粗壮的枝条长放，前后均易萌发长势近似的小枝。如果不短截弱枝，下一年生长一段时间后，很容易形成花芽。

4. **回缩** 对多年生的枝剪截叫回缩或缩剪，这是核桃修剪中最常用的一种方法。回缩的部位不同，其产生的作用也就不同，一是复壮作用，二是抑制作用。生产中复壮作用的运用有两个方面，一是局部复壮，例如回缩多年生冗长下垂的缓放枝，更新结果枝组等；二是全树复壮，主要是对衰老树的回缩更新。抑制作用在生产中的运用，主要是抑制树势不平衡中的强壮骨干枝、控制旺壮辅养枝等。

回缩时要在剪锯口下留一"辫子枝"。根据剪锯口枝势、剪锯口大小等的不同，回缩的反应自然不同。对于细长的下垂枝回缩至背上枝处可以将该枝复壮；对于大枝回缩，若剪锯口距枝条太近，会削弱剪口下的第一枝，而加强以下枝的长势。核桃树有很强的愈合能力，即便是多年生直径达 30 厘米的大枝，剪后仍可愈合良好。

5. **背后枝的处理** 背后枝一般着生在母枝先端的背下，春季萌发早，竞争力强，生长旺盛，容易使原枝头变弱而形成"倒拉"现象，甚至造成原枝头枯死。对于这类枝，一般是在抽生的初期剪除。如果原母枝已经变弱或分枝角度较小，可利用背下枝上的背上枝或斜上枝代替原枝头，将原枝头剪除或培养成结果枝组，但一定要注意将其枝头角度抬高，以防下垂。晚实核桃树上的背后枝，其生长势比早实核桃树强。

6. **徒长枝的利用** 徒长枝多是由于隐芽受刺激而萌发的直立的不充实的枝条。徒长枝生长速度快，生长量大，消耗营养多，如放任生长不加修剪，会扰乱树形，影响通风透光。一般的处理方法是及时剪去。但如果周围枝条少，空间大，则可以通过夏季摘心或短截和春季短截等方法；如果树冠内有足够的枝量，要及早疏除徒长枝。培养的方法是：可在夏季徒长枝长到 0.5～0.7 米时进行摘心，以促进其二次枝的生发，形成结果枝组；也可以等到冬季修剪时，把单条的徒长枝留 60 厘米左右，将其余的短截，使下年分枝形成结果枝组。

衰老树的枝干枯顶焦梢，或因机械伤害等使骨干枝折断，为保持树冠圆满，可以利用徒长枝培养骨干枝的新延长枝。

7. **二次枝的控制** 二次枝通常发生在早实核桃树上，且以幼龄树抽生较多。由于其生长旺、抽枝晚、组织很不充实，所以在北方冬季极易发生抽条。如果任其生长，虽能增加分枝，提高产量，但却很容易使结果部位外移，造成结果母枝后部光秃，干扰良好的冠形。控制方法主要有以下几种：

（1）疏除　为了避免因为二次枝的旺盛生长而导致的过早郁闭，可根据空间的利用程度进行疏除，主要以生长过旺造成树冠出"辫子"的二次枝为剪切对象。一般情况下只需要在二次枝没有木质化之前进行两次疏除，就基本可以控制。

（2）去弱留强　如果在一个结果枝上抽生 3 个以上的二次枝，在早期选留 1~2 个健壮的，其余全部疏除。

（3）摘心　如果选留的二次枝生长过旺，为了控制其向外延伸，促进其木质化，可在夏季进行摘心。

（4）短截　如果一个结果枝只抽生 1 个二次枝，且长势较强，可以在春夏季对其进行短截，以控制旺长，并培养成结果枝组。夏季进行短截分枝会收到比较好的效果，但春季短截发枝粗壮，其短截程度以中、轻度为宜。

8. 结果枝组的培养与修剪

（1）结果枝组的配置　要依骨干枝的不同位置和树冠内空间的大小来决定枝组的配置。一般情况下，主侧枝的先端即树冠外围，以配置小型结果枝组为主；骨干枝的后部即内膛，应以中、大型枝组为主。树冠中部以中型结果枝组为主，并根据枝间大小配置少量大型结果枝组。在大、中型枝组之间，骨干枝距离远的，即在树冠内出现较大空间时，可用大型结果枝组填补空间；其余多以小型枝组填补空隙。枝组间距以三级分枝互不干扰为原则，一般大型枝组同侧相距 60~100 厘米为宜。生长势较强的树和幼树，应不留或少留背上直立枝组，衰老树可适当多留背上直立枝组。

（2）结果枝组的培养

①先放后缩法。对树冠发生的中等徒长枝或壮发育枝，可先缓

放促发分枝，第二年在所需高度，于角度开张、方向适宜的分枝处回缩，下一年再去旺留壮，2~3年后可培养成良好的结果枝组。

早实核桃有很强的连续结果能力，可将中、短果枝连续结果后形成的果枝群，通过缩剪改造成小型结果枝组。

②先缩后截法。对空间有限、生长密挤的辅养枝，可先缩回来，适当短截后部枝，构成紧凑枝组。对多年生有分枝的发育枝和徒长枝，也可先对先端旺枝进行回缩，再适当短截后部枝，构成紧凑枝组。

③先截后缩法。对徒长枝或发育枝短截或摘心，促发分枝后再回缩，即可培养成结果枝组。

（3）结果枝组的修剪

①枝组大小的控制。结果枝组要扩大，可将发育枝短截1~2个，促其分枝扩大枝组。最好将枝组的延长枝折线式延伸，以抑上促下，使下部枝生长健壮。延长枝剪口芽要向着空间大的方向发展。对于已无发展空间的较大枝组，可适当进行控制。方法是回缩至后部中庸分枝上，并将背上直立枝疏除，以减少枝组内的总枝量。要适当回缩已形成的细长型结果枝组，使其形成比例合适的紧凑型枝组。

②生长势的平衡。结果枝组适合中庸的生长势。枝组生长势过旺时，可利用摘心控制旺枝，在冬季将旺枝疏除，并回缩至弱枝弱芽处，或去直留平改变枝组角度等，控制其生长势。如果枝组已经衰弱，弱短枝多、中壮枝少，可去弱留强，并回缩至壮枝、壮芽或角度较小的分枝处，抬高结果枝组的角度并减少花芽量，以促其复壮。

③结果枝与营养枝比例的调节。结果枝组应是既能结果又有一

定生长量的基本单位。对大、中型结果枝组来说，需将其结果枝和营养枝的比例调整恰当，通常为3∶1左右。生长健壮的结果枝组（尤其是早熟核桃），偏多一般结果枝，修剪时要适当疏除并短截一部分；对于生长势变弱的结果枝组，常会形成大量的雄花枝和弱结果枝，修剪时要进行适当重截，将一部分弱枝和雄花枝疏除，促发新枝。

④三叉形结果枝组的修剪。很多核桃品种一年生枝的顶部，常常会有三个比较充实的叶芽或混合芽形成，萌发后常能形成三叉形结果枝组。这类枝组如不修剪，可连续结果二三年，由于营养消耗过多，生长势会逐年衰弱，以致干枯死亡。对于这类枝组应及时疏剪，在枝组尚强壮时，可将中间强旺的结果母枝疏去，留下两侧的结果母枝。随着枝组增大，应注意去弱留强和回缩，以维持良好的长势和结果状态。

⑤结果枝组的更新。枝组年龄过大、着生部位过于密挤、光照不良、结果过多且多在骨干枝的背后着生、枝组本身下垂、着生母枝衰弱等原因，均可使结果枝组生长势衰弱，结果能力明显降低，不能分生足够的营养枝，这种枝组需及时更新。枝组更新要从改善枝组的光照条件和全树生长势的复壮入手，并根据枝组的不同情况，采取相应的修剪措施。枝组内的更新复壮，可采取回缩至强壮分枝或角度较小的分枝处、疏花果、剪果枝等技术措施。可以将一些过度衰弱、回缩和短截仍不发枝的结果枝组从基部疏除。如果疏除后留有一定空间，可利用徒长枝培养出新的结果枝组。如果在疏除前附近就有一定空间，也可以先培养新的结果枝组，然后再逐年去除原衰弱枝组，以新代老。

第四节 丰产修剪技术

一、初果期树的修剪

一般优良品种的嫁接苗，早实核桃定植后 3 年，晚实核桃定植后 4~5 年，即开始结果。此时树体生长偏旺，树冠仍在迅速扩大，结果逐年增加。修剪的主要任务是继续培养主、侧枝，充分利用辅养枝早期结果，注意平衡树势，开始培养结果枝组等。

在有空间的条件下，对于主枝和侧枝的延长枝，应继续留头延长生长，对延长枝进行轻截或中截即可。对于有空保留的辅养枝，要逐渐改造成结果枝组；对于无空保留的要进行疏除，以利于通风透光，以尽量扩大结果部位为原则。修剪时，一般要先放后缩，放缩结合，或去强留弱，控制在树膛内部结果；有的辅养枝已经对主侧枝的生长产生影响，可以缩代疏或逐渐疏除，为主侧枝让路。早实核桃易发生二次枝，对其生长过多和组织不充实而造成郁闭者，要进行彻底疏除；对其充实健壮并有空间保留者，可用去弱留强、摘心、短截的修剪方法，促其形成结果枝组。核桃的背后枝长势很强，晚实核桃的背后枝生长势更强于早实核桃。通常要看基枝的着生情况来决定对背后枝的处理方法。凡长势正常、延长部位开张的，应及早剪除；如分枝角度较小或延长部位势力弱，可利用背后枝换头。

培养结果枝组是初果期修剪的主要任务之一。常见的培养结果枝组的方法是先放后缩法。在早实核桃上，对生长旺盛的长枝，以轻剪或甩放为宜。修剪越轻，果枝数和发枝量就越多，且会减少二次枝的数量。然而，在晚实核桃上，常采用短截旺盛发育枝的方法增加分枝。但短截枝的数量一般为三分之一左右，不宜过多。短截的长度，可根据发育枝的长短，进行中、轻度短截。

初果期的树因树势旺盛，内膛易生徒长枝，容易扰乱树形，一般保留价值不大，要及早进行疏除。如果有一定空间可以保留，可用先放后缩法为晚实核桃培养结果枝组；早实核桃可用短截或摘心的方法促发分枝，然后回缩成结果枝组。

二、盛果期树的修剪

核桃树进入盛果期一般要 15 年左右。立地条件较好、管理水平较高的晚实核桃，其盛果期可维持百年以上。盛果期的大核桃树，大部分树冠接近郁闭或已郁闭，树冠骨架已基本形成和稳定，树姿逐渐开张，外围枝量逐渐增多，且大部分为结果枝，此时因为光照不足，会出现部分小枝干枯、主枝后部出现光秃带、结果部位外移的现象。结果盛期以后，由于结果量大，容易造成树体营养分配失调，形成大小年的现象，甚至有的树因为结果太多，导致树势衰弱或一些枝条枯死，对核桃树的经济寿命会产生严重影响。这一时期修剪的主要任务是调节生长与结果的关系，不断改善树冠内的通风透光条件，加强结果枝组的培养与更新。特别是要做好抬、留的科学运动，绝对不能对下垂枝进行一次性处理，要本着三抬一、五抬二的手法（下垂枝连续三年生的可疏去一年生枝，五年生枝缩至二年生处，留向上枝）。具体方法如下：

1. **骨干枝和外围枝的修剪** 晚实核桃，随着结果量的增多，特别是丰年年份，常出现大中型骨干枝下垂的现象，外围枝伸展过长，下垂得更严重。因此，对骨干枝和外围枝必须进行修剪。对于疏散分层形树，这一时期要逐年进行落头去顶，以解决光路问题。落头时应留一粗度相似的多年生分枝在锯口的下方，以控制树体高度。盛果初期，各级主枝需继续扩大生长，这时就要保持原头生长势，注意控制背后枝。当树冠枝展已扩展到计划大小时，为控制枝头向外伸展，可采用交替回缩换头的方法。对于生长势衰弱、顶端

137

下垂的骨干枝，应重剪回缩更新复壮，留斜生向上的尾巴枝当头，以集中营养，抬高角度，恢复枝条生长势。对于树冠的外围枝，由于多年分枝和伸长，常常交叉、密挤和重叠，应进行适当的疏间和回缩。

2. 结果枝组的培养与更新　加强结果枝组的培养，扩大结果部位，防止结果部位外移，是保证核桃树（特别是晚实核桃）盛产期丰产稳产的重要技术措施。这一时期的原则是：在各级主、侧枝上均匀地分布，要大、中、小配置适当；在树冠内的总体分布是里大外小，下多上小，内部不空，外部不密，通风透光良好，枝组间距离为 0.6~1 米。

具体方法是：对二三年生的小枝组，可采用去弱留强的办法，不断扩大营养面积，增加结果枝数量。当生长到一定大小已经开始占满空间时，则应去掉弱枝、强枝，保留中庸枝，促使较多的结果母枝形成。可一次疏除已经没有结果能力的小枝组，利用附近的大、中型枝组占据空间。应及时回缩更新中型枝组，使枝组内的分枝交替结果，可通过去强留弱等方法对长势过旺的枝条进行控制。要注意控制大型枝组的高度和长度，防止"树上长树"。可以适当回缩已经没有延伸能力或下部枝条过弱的大型枝组，以维持其下部中、小枝组的稳定。

3. 辅养枝的利用和修剪　着生在骨干枝上，不属于分枝级次的辅助性枝条叫辅养枝。多数辅养枝是幼树期为增加叶面积，加速树冠形成，提早结果而保留下来的，大多数是临时性的。有的已经开始影响主、侧枝的生长，可视其影响程度，进行疏除或回缩；辅养枝过于强旺时，可回缩至弱分枝处或去强留弱，以控制其生长；

对于分枝较好、长势中等又有空间的，可剪去枝头，改造成大、中型枝组，长期保留结果。

4. 徒长枝的利用 核桃树进入结果盛期后，一般情况很少发生徒长枝。当修剪刺激或有病虫害后，极易使骨干枝上的潜伏芽萌发为徒长枝，往往会造成树冠内部的枝条紊乱，影响结果枝组的生长与结果。此时的处理方法可根据树冠内部枝条的分布情况而定。如果枝组分布及生长均正常时，但枝条已很密挤，就应尽早从基部将徒长枝疏除；如果徒长枝附近有较大的空间，或其附近结果枝组已明显衰弱，可利用徒长枝培养成结果枝组，以更替衰弱的结果枝组或填补空间。选留的徒长枝分枝后，可根据空间大小确定对其截留的长度。为了促其提早分枝，可进行轻度短截或摘心，以加速结果枝组的形成。

5. 清理无用枝条 主要是剪除过密、重叠、交叉、细弱、病虫、干枯枝等，以减少不必要的养分消耗和改善树冠内部的通风透光条件等。

三、衰老树的更新修剪

盛果后期的大树，经过连年的大量结果，逐渐表现出衰老迹象。核桃树进入衰老期，外围枝生长势减弱，小枝干枯严重，外围枝条下垂会产生大量"焦梢"，同时会有大量的徒长枝萌发，出现自然更新现象，产量也显著下降。

为了防止衰老现象的出现，在盛果末期就要不断更新复壮，以增强树势，延长盛果期。修剪要点是：第一，疏除密集无效枝、病虫枯枝，回缩外围枯梢枝，促其萌发新枝；第二，要充分利用好一切可利用的徒长枝，使树势尽快恢复，继续结果。对严重衰老的树，要采取大更新，即在主干及主枝上截去衰老部分的五分之一至三分之一，保证一次性重发新枝，使其重新形成树冠。这种方法是对极度衰弱树的一种挽救措施，在不得已的情况下方可采用。

对衰老树修剪的具体方法有如下三种。

1. **主干更新（大更新）** 将主枝全部锯掉，使其重新发枝，并形成主枝。具体做法有两种：

①对主干过高的植株，可将树干从主干的适当部位全部锯掉，使锯口下的潜伏芽萌发出新枝，然后从新枝中选留生长健壮、方向合适的2~4个枝条，培养成主枝。

②对主干高度适宜的开心形植株，可从每个主枝的基部锯掉。如果是主干形植株，可先从第一层主枝的上部锯掉树冠，再从各主枝的基部锯掉，使主枝基部的潜伏芽萌芽发枝。

2. **主枝更新（中更新）** 在主枝的适当部位进行回缩，使其形成新的侧枝。具体修剪方法是：选择健壮的主枝，保留50~100厘米长，锯掉其余的部分，使其在主枝锯口附近发枝。发枝后，在每个主枝适宜的方位选留2~3个健壮的枝条，培养成一级侧枝。

3. **侧枝更新（小更新）** 在适当的部位对一级侧枝进行回缩，使其形成新的二级侧枝。其优点是，新树冠形成和产量增加都会比较快。具体做法是：

①在计划保留的每个主枝上，选择位置适宜的2~3个侧枝。

②在每个侧枝中下部长有强旺分枝的前端剪截。

③将所有的病枝、枯枝、单轴延长枝和下垂枝疏除。

④重新回缩大型结果枝组或明显衰弱的侧枝，促其发新枝。

⑤对枯枝梢要重剪，促其从下部或基部发枝，以代替原枝头。

⑥为了防止核桃树当年发不出新枝，造成更新失败，必须对更新的树木加强土、肥、水和病虫害防治等综合技术管理。

四、核桃放任树的修剪

目前，我国相当大比例的核桃树仍是放任生长的。可通过高接换优的方法对一部分幼旺树加以改造。对大部分进入盛果期的核桃大树，在加强地下管理的同时可进行修剪改造，以迅速提高核桃的产量和品质。放任树的表现为：层次不清，大枝过多；内膛空虚，结果部位外移；生长衰弱，坐果率低；衰老树自然更新现象严重。

（1）树形改造　应根据具体情况对放任树进行随树修剪做形。如果有明显的中心领导枝，可以将其改造成疏散分层形；如果无中心领导枝或中心领导枝已很衰弱的，可改造成自然开心形。

（2）大枝处理　修剪前要对树体进行全面分析，重点疏除影响光照的重叠枝、交叉枝、密集枝、并生枝和病虫为害枝。留下的大枝要互不影响，分布均匀，以利于侧枝的配备。一般疏散分层形留主枝5~7个，特别是第一层要留3~4个；自然开心形可留主枝3~4个。为避免因一次疏除过多大枝而对树势造成影响，可以先回缩一部分交叉重叠的大枝，分年疏除。对于较旺的壮龄树也应分年疏除大枝，以免引起生长势变旺。在去大枝的同时，对外围枝要适当疏间，以疏前促后、疏外养内为原则。树形改造需要1~3年完成，修剪量占整个改造修剪量的40%~50%。

（3）结果枝组的培养与调整　疏除大枝后，第二或第三年以调整中型枝和外围枝为主，特别要注意培养内膛结果枝组。对已有的结果枝组应去直立留背斜、去弱留强、缩前促后或疏前促后。此期年修剪量应占 20%～30%。

（4）稳势修剪阶段　树体结构调整后，还应将母枝与营养枝的比例进行调整，一般约为 3:1，对过多的结果母枝可根据空间和生长势进行去弱留强，充分利用空间。在枝组内调整母株留量的同时，交替结果的枝组量还应有三分之一左右，以稳定整个树体生长与结果的平衡。此期年修剪量应掌握在 20%～30%。

以上修剪量应根据树龄、树势、枝量、立地条件灵活掌握，必须全盘考虑对各大中小枝的处理，做到随枝做形，因树修剪。另外，还要结合加强土肥水管理，否则难以收到良好的效果。

第五节 花果管理

一、提高坐果率的措施

核桃属于异花授粉，虽也有自花结实的现象，但往往坐果率很低。核桃存在着雌雄花期不一致的现象，且为风媒花，自然授粉受各种条件限制，所以每年的坐果情况都有很大差别。幼树开始结果的，在2~3年只形成雌花，没有或很少有雄花，因此对授粉和结果会有一定影响。为了提高坐果率，增加产量，可以进行人工辅助授粉。授粉应在核桃盛花初期到盛花期进行。

1. 花粉的采集 从健壮树上将发育成熟、基部小花已经开始散粉的雄花序采集下来，放到干燥通风的室内摊开晾干，要保持温度在16~20℃，等大部分雄花药开始散粉时，筛出花粉，装瓶待用。装瓶贮花粉必须注意低温（2~5℃）、通气的条件，否则，温度过高、密闭会使花粉易霉，授粉效果自然降低。为了适应大面积授粉的需要，一般可以用淀粉将花粉加以稀释，同样可以达到良好的效果。经试验，用1∶10的淀粉或滑石粉稀释花粉后，会有比较好的授粉效果。

2. 授粉时期　根据雌花的开放特点，最好的授粉时期为柱头呈倒"八"字形张开，分泌黏液最多的时候（一般会持续 2~3 天）。待柱头变色或反转、分泌物很少时，就会降低授粉效果。因此，掌握恰当的授粉时间很重要。因为一株树上的雌花期早晚会相差 7~15 天，所以为了使坐果率提高，最好进行两次授粉。

3. 授粉方法　可以配成花粉水悬液（花粉∶水 = 1∶5000）进行喷授，有条件的地方可在水中加入 10% 的蔗糖和 0.02% 的硼酸；也可以用双层纱布袋，内装 1∶10 稀释花粉或刚散粉的雄花序，在上风头进行人工抖动。还可结合叶面喷肥进行授粉。

花期喷硼酸、稀土和赤霉素可显著提高核桃树的坐果率。

二、疏花疏果和合理负载

1. 疏雄花　如果核桃树的雄花量过大，远远超出授粉需要，可以对其进行适当疏除。因为雄花芽的发育，需要消耗大量的水分、养分等。尤其进入核桃花期，恰逢我国北方的干旱季节，水分往往成为生殖活动的限制因子，而雄花芽的发育就会对结果枝的雌花发育造成一定影响。所以提前将过量的雄花芽疏除，有利于新梢的生长和花芽的分化，同时也能提高当年坚果产量和品质。

（1）疏雄时期　原则上以早疏为宜，一般在雄花芽萌发前的 20 天内进行，雄花芽开始膨大之时，正是最好的疏雄时期。因为在之前的休眠期，雄芽比较牢固，操作起来比较麻烦；而到雄花

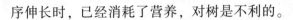

序伸长时，已经消耗了营养，对树是不利的。

（2）疏雄数量　雌花序与雄花序的比例为 1：（5±1），每个雄花序通常有（117+4）个雄花，雌花序与雄花（小花）数之比为 1：600。如果将 90%~95% 的雄花序疏去，雌花序与雄花序之比仍可达到 1：30~1：60，完全可以满足授粉的需要。但雄花芽很少的植株和刚结果的幼树，可以不疏雄。

2. 疏幼果　早实核桃结果主要是侧花芽，如果雌花量比较大时，到盛果期后，为保证树体生殖生长与营养生长的相对平衡，保持稳定的优质高产，必须将过多的幼果疏除。否则就会因结果太多而造成果个变小，品质变差，严重时还会导致树势衰弱，大量枝条干枯死亡。

（1）疏果时间　可在生理落果后，一般在雌花受精后的 20~30 天，即子房发育到 1~1.5 厘米时进行。要依据树势状况和栽培条件来决定疏果量，一般最好是以 1 平方米树冠投影面积保留 60~100 个果实。

（2）疏果方法　先疏除细枝或弱枝上的幼果，也可将弱枝一同剪掉；每个花序有 3 个以上幼果时，根据结果枝的强弱程度，可保留 2~3 个。坐果部位在冠内要分布均匀，可以将郁闭内膛的多疏。特别要注意的是，疏果仅限于坐果率高的早实核桃品种。

三、果实管理

核桃坐果后，果实会迅速发育，果实发育的大小与养分的消耗和积累之间是否平衡有很大关系，如果消耗大于积累，就会出现果实营养不良而提前硬核的情况，因此，一定要在果实发育期注意浇水和追肥。

第六章
核桃主要病虫害及防治技术

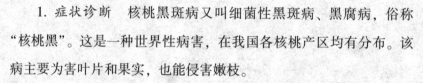

第一节 主要病害及防治

据记载，我国的核桃病害共有 30 多种，而主要病害近 10 种，不同果园需要经常喷药进行防治的病害不超过 6 种，如黑斑病（细菌性）、腐烂病、枝枯病、白粉病、炭疽病等，其他病害均为零星发生的或属于偶发性病害，一般不用药剂防治或只进行兼防即可。

一、核桃黑斑病

1. 症状诊断　核桃黑斑病又叫细菌性黑斑病、黑腐病，俗称"核桃黑"。这是一种世界性病害，在我国各核桃产区均有分布。该病主要为害叶片和果实，也能侵害嫩枝。

幼果受害后，会先在果面上产生近圆形油浸状褐色小斑点，一般没有明显边缘；后逐渐扩大成黑褐色凹陷的病斑，呈圆形或接近圆形；病斑可以相互连片扩大，然后深入果肉，甚至直达果心，从而导致整个果实全部变黑腐烂，早期脱落。

较成熟的果实受害，果面上会先产生褐色至黑褐色的稍隆起的小斑点，之后病斑颜色变深并逐渐凹陷，外围常见水渍状的晕圈。严重时病斑连片，形成黑色大斑。较成熟的果实，因其内果的皮已经硬化，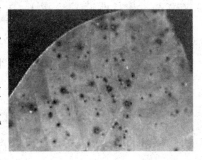所以病斑也只是局限在外果皮上，导致外果皮变黑腐烂；有时病皮会脱落，露出内果皮。一般植株被害率为 70%~100%，果实被害率是 10%~40%，严重时可以达到 95% 以上，造成果实变黑、腐烂、早落，使核仁干瘪减重，出油率降低，甚至不能食用。

2. 发生特点　核桃黑斑病是一种细菌性病害，细菌在病枝、溃疡斑、芽鳞和残留病果等组织内越冬。第二年春季借由雨水或昆虫将带菌花粉传播到叶和果实上，并可以进行多次再侵染。该病潜育期短，一般为 10~15 天，发病早晚及发病程度与雨水关系密切，在多雨年份和季节，发病早且严重。果实受害，以核桃举肢蛾为害的伤口最易受病菌侵染。

该病在山东、河南等省 5 月中下旬开始发生，发病盛期是 6~7 月。如果核桃树冠枝叶过于稠密，通风透光不良，发病会较重。一般本地核桃比新疆核桃感病轻，弱树重于健壮树，老树重于中、幼龄树。

3. 防治技术

①搞好果园卫生。结合修剪，彻底将病枝梢及病僵果剪除，并及时拣拾落地病果，集中深埋或烧毁，以减少果园内病菌来源。

②发芽前喷药。发芽前喷 50% 甲基托布津；或喷 3~5 波美度石

硫合剂，生长期喷 1~3 次 1：0.5：200 倍的波尔多液；喷 0.4% 草酸铜的效果也较好，且不易发生药害；还可用 0.003% 浓度的农用链霉素加 2% 的硫酸铜，多次喷雾（半个月一次），也可取得良好的效果。

③生长期喷药防治。往年黑斑病发生严重的核桃园，分别在展叶期、落花后及幼果期各喷药 1 次，即可有效控制该病的发生；少数感病品种果园，在雨季还需再喷药防治 1~2 次，间隔期 10~15 天。常用的有效药剂有：65% 代森锌可湿性粉剂 500~600 倍液、72% 硫酸链霉素可溶性粉剂 2000~3000 倍液、80% 代森锌可湿性粉剂 600~800 倍液、77% 硫酸铜钙可湿性粉剂 800~1000 倍液及 1：1：200 倍波尔多液等。

④治虫防病。注意防治核桃举肢蛾，以减少果实伤口。

⑤加强田间管理。砍去近地枝条，保持园内通风透光，减轻潮湿和互相感病。

⑥选育抗病抗虫品种，并注意选育避病性品种。

二、核桃炭疽病

在我国核桃产区均有发生。该病主要为害叶、芽、嫩梢及果实。一般果实被害率达 20%~40%，病重年份可高达 95% 以上，引起果实早落、核仁干瘪，不仅降低商品价值，产量损失也相当严重。

1. 症状诊断　果实受害后，果皮上会出现圆形或近圆形的褐色病斑，中央下陷，病部有黑色小点产生，有时略呈纹状排列。温度与湿度适宜时，在黑点处会涌出黏性粉红色的孢子团，即分生孢子盘和分生孢子。病果上的病斑有一至数十个，可以连接成片，使果实变黑、腐烂或早落，其核仁没有任何食用价值。发病轻时，会使核壳或核仁的外皮部分变黑，降低出油率和核仁产量。如果果实成熟前染病，则病斑只能局限在外果皮，对核仁影响不大。

叶片上的病斑，通常会从叶尖、叶缘形成大小不等的褐色枯斑，外缘会有淡黄色晕圈。有的在主侧脉间出现圆褐斑或长条枯斑。潮湿时，病斑上的小黑点也会有粉红色孢子团产生。严重时，叶斑连片，叶子枯黄而脱落。

芽、嫩梢、叶柄、果柄染病后，在芽鳞基部呈现暗褐色病斑，有的还会深入嫩梢、芽痕、叶柄、果柄等，都会出现长形或不规则凹陷的黑褐色病斑，引起芽梢枯干，叶果脱落。

2. 发生特色　病菌在叶痕、残留病果、病枝、芽鳞中越冬，成为次年的初次侵染源。病菌的传播借助风、雨和昆虫等，会在适宜的条件下萌发，从自然孔口、伤口侵入。在 25～28℃温度条件下，潜育期为 3～7 天。核桃炭疽病比黑斑病发病晚。

核桃炭疽病的发生与栽培管理水平有关，如果株行距小，过于密植，通风透光不良且管理水平差，就会发病重。不同核桃品种类型有较大的抗病性差异，一般来讲，华北本地核桃树比新疆核桃树抗病性强，但各有自己易感病和抗病性强的品种和单株。

3. 防治技术

①清除病枝、落叶，集中烧毁，减少初次侵染源。

②化学防治。发芽前喷 3～5 波美度石硫合剂，开花后喷 1：1：

200 倍波尔多液或 50% 多菌灵 600~800 倍液，以后每隔半个月或 20 天左右喷一次，效果也很好。

③合理施肥，加强栽培管理，保持树体健壮生长。改善园内通风透光条件，提高树体抗病能力，有利于控制病害。

④选育优质、丰产、抗病的新品种。

三、核桃腐烂病

该病属于真菌性病害，又称"黑水病"，受害株率可达到 50%，高的能达到 80% 以上，主要为害枝干和树皮，导致结实能力下降和枝枯，严重时甚至全株枯死。核桃腐烂病在同一株树上的发病部位多在树干分叉处、枝干的阳面、剪锯口和其他伤口处。在一个园里，结果的比不结果的发病多，老龄树比幼龄树发病多，弱树发病要多于壮树。

1. 症状诊断　核桃腐烂病主要为害枝干，在较大的枝干上常形成溃疡型病斑，在小枝条上多形成枝枯型病斑。

溃疡型：幼树发病后，病部可以深达木质部，在周围出现愈伤组织，为灰色梭形病斑，呈水渍状，用手指按压时会流出液体，有酒糟味。中期病斑上散生许多小黑点，病皮失水干陷。后期病斑纵裂，流出大量黑水，当病斑环绕枝干一周时，即可造成枝干或全树死亡。成年树受害后，因树皮厚，病斑初期在韧皮部腐烂，许多病斑呈小岛状互相串联，周围集结大量的菌丝层，一般外表看不出明显的症状，一旦发现黑液由皮层向外流出时，说明皮下已扩展出了较大的溃疡面。

枝枯型：二年生侧枝或营养枝感病后，皮层与木质部剥离、失水，枝条逐渐失绿，皮下密生黑色小点，呈枝枯状。修剪伤口感染发病后，出现明显的褐色病斑，并向下蔓延引起枝条枯死。

2. 发生特点　核桃腐烂病是一种高等真菌性病害，病菌在枝干病斑内越冬。第二年条件适宜时释放出大量病菌孢子，通过雨水或昆虫传播，从各种皮孔、芽痕以及伤口（冻伤、剪锯口、嫁接口、日灼伤）等处侵染。病斑扩展要在4月中旬至5月下旬。

核桃整个生长季节都可被侵染，但以春、秋两季发生最多，且春季病斑扩展最快。一般粗放管理、土壤瘠薄、排水不良、水肥不足、树势衰弱、遭冻害或受盐碱侵害的核桃树易感染此病。

3. 防治技术

①加强栽培管理。对于土壤结构不良、土壤瘠薄、盐碱重的果园，应增施农家肥等有机肥，科学施用速效化肥，改良土壤，雨季及时排水，促进根系发育，促使树体生长健壮，提高抗病能力。

②刮治病斑。经常检查，发现病斑及时进行刮治，一般在早春进行较好，只需将上层病皮刮除。如果在生长期发现病斑也可以随时进行刮治，刮治的范围要控制到比变色组织大出1厘米，略刮去一点好皮即可。病变已经达到木质部的，要刮到木质部。彻底刮除病斑后，在伤口表面涂药进行消毒。刮后用20%的农抗120水剂30倍液涂抹两次，进行消毒杀菌，或用4~6波美度的石硫合剂。也可

直接在病斑涂 3~4 厘米厚的细泥，超出病斑边缘 3~4 厘米，用塑料纸裹紧即可。刮下的病皮要集中销毁。

③发芽前喷药。早春树液开始流动时要在全园喷洒一次铲除性药剂，铲除树体带菌，减轻病斑为害。常用的铲除性药剂有：30%戊唑·多菌灵悬浮剂 300~400 倍液、45%代森铵水剂 200~300 倍液、60%铜钙·多菌灵可湿性粉剂 300~400 倍液、77%硫酸铜钙可湿性粉剂 400~500 倍液等。

④树干涂白。冬季日照较长的地区，要在入冬前先将病斑刮净，然后涂刷白涂剂（配方为水：生石灰：食盐：硫黄粉：动物油＝100：30：2：1：1），以降低树皮温差，减少冻害和日灼。开春发芽前以及 6~7 月和 9 月份，要在主干和主枝的中下部喷 2~3 波美度石硫合剂。

⑤适当修剪。秋季落叶前要疏除部分树冠密闭的大枝，打开天窗，生长期间要将下垂枝、老弱枝疏除，以恢复树势，并对剪锯口用 1%的硫酸铜消毒。适期采收，尽量避免用棍棒击伤树皮。

四、核桃溃疡病

1. 症状诊断　该病多发生在树干及侧枝基部，最初出现直径 0.1~2 厘米的黑褐色近圆形病斑。有的扩展成长条形或梭形病斑。在幼嫩及光滑的树皮上，病斑形成明显的水泡或呈水渍状，破裂后会流出褐色黏液，遇光全变成黑褐色，随后，患处会有明显的圆斑形成。

后期病斑干缩下陷，中央开裂，病部会有许多小黑点散生，即病菌的分生孢子器。严重时，病斑数个相连或迅速扩展，形成大小不等的梭形或长条形病斑。当病部不断扩大，环绕枝干一周时，则会出现枯梢、枯枝或整株死亡。

2. 发生特点　核桃溃疡病是一种高等真菌性病害，病菌在病组织内越冬。第二年春天气温回升，雨量适中，就会形成分生孢子，从枝干的皮孔或伤口侵入，形成新的溃疡病。该病与温度、雨水、大风等关系密切，温度高时，会相应缩短潜育期。一般从侵入到症状出现需 1~2 个月。

一切影响树势衰弱的因素都有利于该病发生，树势衰弱或林地干旱、土质差、管理水平不高，伤口多的核桃树易感病。

3. 防治技术

①加强果园管理。科学施用速效化肥，增施农家肥等有机肥，培强树势，提高树体抗病能力。秋后及早春适当涂白树干，防止发生日灼伤及冻害。涂白剂配制为：生石灰 5 千克，食盐 2 千克，油 0.1 千克，水 20 千克。

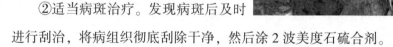

②适当病斑治疗。发现病斑后及时进行刮治，将病组织彻底刮除干净，然后涂 2 波美度石硫合剂。

③清除树体带菌。结合修剪，彻底剪除病枯枝，集中烧毁。发芽前在全园喷施一次铲除性药剂，杀灭树体表面的越冬病菌。常用的有效药剂同"核桃腐烂病"，发芽前用药。

④增强树势，加强田间管理，搞好保水工程，提高树体的抗病能力。

五、核桃轮纹病

1. 症状诊断　核桃轮纹病主要为害枝干，在枝干上形成坏死斑。病斑一般以皮孔为中心，先产生瘤状的突起，逐渐突起成褐色坏死，形成褐色近圆形的坏死斑，病斑外围常有黄褐色稍突起的晕圈。到后期，病斑边缘可产生裂缝。

在衰弱的树或枝上，病斑扩展比较快，多表现为凹陷坏死斑，突起不明显，外围亦有黄褐色稍隆起环。病斑后期或在两年生病斑上，逐渐散生有不规则小黑点。轮纹病多为零星发生，主要造成树势衰弱。

2. 发生特点　核桃轮纹病是一种高等真菌性病害，病菌主要在枝干病斑内越冬。第二年会在条件适宜时产生病菌孢子，一般借助风雨传播，从伤口或皮孔侵染为害。树势衰弱是导致该病发生的主要因素。

3. 防治技术　核桃轮纹病属于零星发生的病害，不必进行单独防治，通过加强栽培管理、强壮树势防病即可。个别轮纹病发生较重的果园，在发芽前结合其他枝干病害，喷施铲除性药剂兼防，即可有效预防该病的发生。

六、核桃枝枯病

该病主要为害核桃枝干，造成枯枝和枯干。

1. 症状诊断　一至二年生的枝梢或侧枝受害后，会先从顶端开

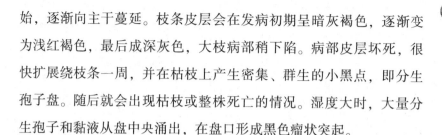

始，逐渐向主干蔓延。枝条皮层会在发病初期呈暗灰褐色，逐渐变为浅红褐色，最后成深灰色，大枝病部稍下陷。病部皮层坏死，很快扩展绕枝条一周，并在枯枝上产生密集、群生的小黑点，即分生孢子盘。随后就会出现枯枝或整株死亡的情况。湿度大时，大量分生孢子和黏液从盘中央涌出，在盘口形成黑色瘤状突起。

2. 发生特点　核桃枝枯病是一种高等真菌性病害，病菌主要在枯枝病斑上越冬。第二年有降雨时，病菌孢子会借助风雨进行传播，通过虫伤、日灼伤、冻伤及其他机械伤等各种伤口侵染，导致枝条受害。此菌是一种弱寄生菌，只能为害衰弱的枝干和老龄树，发病轻重与栽培管理、树势强弱有密切关系。因此，树势衰弱是该病发生的主要原因，冻害、过度密植、排水不良、早春干旱等均可增大枝枯病的发生概率。

3. 防治技术

①搞好果园卫生。结合修剪，要在发芽前将病枯枝彻底剪除，并集中带到园外烧毁，消灭病菌的越冬场所，减少园内病菌量。生长季节，如果发现病枝要及时剪除，防止病害扩散蔓延。

②加强栽培管理。合理使用氮磷钾肥，增施绿肥、农家肥等有机肥，促使树势生长健壮，提高树体抗病能力。及时防治虫害，避免造成各种机械伤口，减少病菌侵染途径。科学修剪，雨季及时排水，合理密植，创造不利于病害发生的环境条件。

七、核桃枯梢病

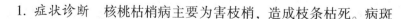

1. 症状诊断　核桃枯梢病主要为害枝梢，造成枝条枯死。病斑

初期会出现近圆形的黑褐色小点，扩展后形成红褐色至黑褐色病斑，呈长圆形、梭形或长条形，稍凹陷。后期会在病斑表面散生很多小黑点。当病斑环绕枝条一周后，会导致枝梢枯死。

2. 发生特点　核桃枯梢病是一种高等真菌性病害，病菌主要在枝梢病斑上越冬。第二年条件适宜时会溢出病菌孢子，借助风雨传播，从皮孔及各种伤口侵染为害。导致该病发生的主要条件是树势衰弱，多雨潮湿、伤口较多都能增大枯梢病的发生概率。

3. 防治技术

①加强果园管理。科学施用氮磷钾肥，增施农家肥等有机肥，培育壮树，提高树体的抗病能力。结合冬剪，彻底剪除病枯梢，集中带到园外烧毁，消灭病菌越冬场所。

②休眠期喷药。发芽前全园喷施一次铲除性药剂，铲除树上越冬的病菌。常用的有效药剂有：30%戊唑·多菌灵悬浮剂 300～400 倍液、45%代森铵水剂 200～300 倍液、77%硫酸铜钙可湿性粉剂 400～500 倍液、60%铜钙·多菌灵可湿性粉剂 300～400 倍液等。

八、核桃白粉病

该病主要为害叶、幼芽和新梢，引起早期落叶和死亡。通常干旱季节和年份发病率高。

1. 症状诊断　核桃白粉病主要为害叶片，最明显的症状是叶片正反面形成薄片状白粉层，秋季在白粉层中生出褐色至黑色的小颗粒。发病初期，叶片表面先产生不明显的白色粉斑，粉斑下叶片组织无明显的异常变化；随着病情的发展，粉斑渐渐明显且逐渐扩大。

病斑较多时，常常会相互连成片，使整个叶片表面布满较薄的白粉状物。

发病后期，白粉状物上逐渐有许多最初是黄色、渐变为褐色、最后成黑褐色至黑色的小颗粒散生，有时产生小颗粒后白粉层消失或不明显。严重时，引起叶片早落，影响树势和产量。

2. 发生特点　核桃白粉病是一种高等真菌性病害，病菌在病叶上及树体枝干表面附着越冬。第二年7~8月发病，从气孔多次侵染。温暖潮湿的环境更容易引起该病发生，雨季到来早的年份病害多发生早而较重，幼树比大树易受害。

3. 防治技术

①消灭越冬菌源。从落叶后到发芽前，先树上、后树下彻底清除落叶，集中深埋或烧毁，消灭病菌的越冬场所。对往年白粉病发生较重的果园，在发芽前喷施一次铲除性药剂，杀灭在树体枝干上附着越冬的病菌。常用的有效药剂有：2~3波美度石硫合剂、30%戊唑·多菌灵悬浮剂300~400倍液、45%石硫合剂晶体60~80倍液等。

②生长期喷药。从果园内初见病斑时开始喷药，10~15天一次，连喷2次左右即可有效控制白粉病的发生和为害。常用的有效药剂有：10%苯醚甲环唑水分散粒剂2000~2500倍液、12.5%烯唑醇可湿性粉剂2000~2500倍液、25%三唑酮可湿性粉剂1500~2000倍液、25%戊唑醇水乳剂2000~2500倍液、25%乙嘧酚悬浮剂1000~1200

倍液、30%戊唑·多菌灵悬浮剂 1000～1200 倍液、40%腈菌唑可湿性粉剂 6000～8000 倍液、50%醚菌酯水分散粒剂 2000～3000 倍液、70%甲基托布津可湿性粉剂或 500 克/升悬浮剂 800～1000 倍液等。

③合理施肥与灌水，加强树体管理，提高树体的抗病能力。

九、核桃霜点病

1. **症状诊断**　核桃霜点病主要为害叶片。初期会有不规则退绿黄斑产生于叶正面，没有明显边缘；继而黄斑上会逐渐出现边缘不整齐的褐色坏死斑点，叶背面病斑的颜色稍深；病斑在后期会扩展为近圆形的大斑，褐色至深褐色，中间颜色较淡，边缘颜色深，叶背面病斑颜色较正面深。潮湿时病斑表面会产生灰白色的霉粉状物。严重时，病叶会变黄脱落，甚至导致早期落叶。

2. **发生特点**　核桃霜点病是一种高等真菌性病害，病菌主要在落叶上越冬。第二年条件适宜时，病菌孢子会借助风雨进行传播，从气孔或直接侵染为害。通风透光不良、多雨潮湿都有利于病害发生，树势衰弱的植株病害发生概率较大。

3. **防治技术**

①加强果园管理。在落叶后到发芽前，彻底清除树上和树下的落叶，集中深埋或烧毁，消灭病菌的越冬场所。合理使用速效化肥，增施有机肥，培强树势，提高树体的抗病能力。科学修剪，合理密植，促使果园通风透光，创造不利于病害发生的环境条件。

②适当喷药防治。对于往年该病发生较重的果园，自病害发生的初期开始喷药，10～15 天一次，连喷 2 次左右即可有效控制霜点

病的发生和为害。常用的有效药剂有：10%苯醚甲环唑水分散粒剂2000~2500倍液、25%戊唑醇水乳剂2000~2500倍液、30%戊唑·多菌灵悬浮剂1000~1200倍液、50%多菌灵可湿性粉剂600~800倍液、60%铜钙·多菌灵可湿性粉剂600~800倍液、70%甲基托布津可湿性粉剂或500克/升悬浮剂800~1000倍液、500克/升多菌灵悬浮剂800~1000倍液、80%代森锰锌可湿性粉剂800~1000倍液、70%丙森锌可湿性粉剂600~800倍液、77%硫酸铜钙可湿性粉剂800~1000倍液、80%代森锌可湿性粉剂600~800倍液等。

十、核桃褐斑病

此病主要发生在吉林、四川、河南、山东、陕西、河北等地，为害叶、嫩梢和果实，会引起早期落叶和枯梢，从而影响树势和产量。

1. 症状诊断　核桃褐斑病主要为害叶片，有时也可为害嫩梢。受害叶上会出现呈近圆形或不规则形的灰褐色斑块，直径为0.3~0.7厘米，没有明显的边缘，呈黄绿至紫色，病斑中间有黑褐色小点，略呈同心轮纹状排列。严重时病斑会连接，致使早期落叶。

嫩梢上的病斑多为长椭圆形或不规则形，边缘褐色，稍凹陷，中间有纵裂纹，后期病斑上会有小黑点散生，严重时梢枯。一般果实的病斑要小于叶片的病斑，凹陷，扩展后果实变黑腐烂。

2. 发生特点　核桃褐斑病是一种高等真菌性病害，病菌主要在落叶上越冬，也可在枝梢病斑上越冬。第二年5月中旬到6月初开始发病，7~8月为发病盛期。越冬病菌孢子借助风雨进行传播，直接侵染为害。该病潜育期比较短，可在果园内多次再侵染。多雨潮湿的环境容易引起褐斑病的发生和为害。

3. 防治技术

①搞好果园卫生。落叶后至发芽前，先树上、后树下彻底清除落叶，集中深埋或烧毁，消灭病菌的越冬场所。

②适当喷药防治。对于往年该病发生较重的果园，从落花后或病害发生初期开始进行喷药，10~15 天一次，连喷 2 次左右就可以有效控制褐斑病的发生和为害。常用的有效药剂有：30%戊唑·多菌灵悬浮剂 1000~1200 倍液、25%戊唑醇水乳剂 2000~2500 倍液、50%克菌丹可湿性粉剂 600~800 倍液、50%多菌灵可湿性粉剂 600~800 倍液、10%苯醚甲环唑水分散粒剂 1500~2000 倍液、60%铜钙·多菌灵可湿性粉剂 600~800 倍液、65%代森锌可湿性粉剂 500~600 倍液、70%甲基托布津可湿性粉剂或 500 克/升悬浮剂 800~1000 倍液、70%丙森锌可湿性粉剂 600~800 倍液、77%硫酸铜钙可湿性粉剂 800~1000 倍液、80%代森锰锌可湿性粉剂 800~1000 倍液等。

第二节　主要虫害及防治

一、核桃云斑天牛

俗称核桃天牛、钻木虫、铁炮虫等，主要为害枝干。受害树有的中心干及主枝死亡，有的整株死亡，是核桃树的一种毁灭性害虫。

1. 形态特征　成虫体长 51~97 毫米，密被灰色或黄色绒毛，有 1 对肾形白色毛斑于前胸背板中央，鞘翅上有呈云片状的不规则白斑，虫体两侧各有 1 条白色的纹带。雌虫的触角比体长微长，雄虫的触角超过体长 3~4 节。鞘翅基部有瘤状颗粒密布，两鞘翅的后缘有一对小刺。

卵为长圆形，略扁稍弯曲，黄白色，长 8~9 毫米，表面坚韧光滑。幼虫体长为 74~100 毫米，颜色以黄白为主，头扁平，半缩于胸部，前胸背板是橙黄色，有黑色点刻着生，两侧为白色，其上面有黄色半月牙形的斑块。有 4 个不规则的橙黄色斑块排列于前胸的腹面，前胸及腹部第 1~7 节背面有许多点刻组成的骨化区，呈"口"形。

2. 发生规律及习性　一般2~3年发生一代，幼虫在树干内越冬，第二年春幼虫开始活动，为害皮层和木质部，并在蛀食的隧道内老熟化蛹。蛹羽化后从蛀孔飞出，6月中下旬交配产卵。卵孵化后，幼虫先在皮层部为害，随着虫体的增长，逐渐深入为害木质部。

树干被蛀食后，会有黑水流出，并从蛀孔将木屑和虫粪排出，严重时会使整株枯死或风折。成虫以新梢嫩皮及叶片为食，昼夜飞翔，多在晚间活动，有趋光性。

通常在产卵前会先将树干表皮咬一个月牙形的伤口，随后将卵产于皮层中间。卵多产在主干或粗的主枝上。每只雌虫会产20粒左右的卵。

3. 防治方法

①捕杀成虫。利用成虫的趋光性，在6~7月份的傍晚，在树下持灯捕杀成虫。

②人工杀卵和幼虫。在产卵期，寻找流黑水的地方或产卵伤口，将被害处用刀切开，杀死卵和幼虫。或是发现排粪孔后，将虫粪用铁丝除净，然后堵塞药棉球或毒签，并用泥土封好虫孔以毒杀幼虫。

二、核桃瘤蛾

又名核桃小毛虫，其幼虫为害核桃叶，通常发生时可以吃光树叶，造成树势减弱，枝条枯死，产量下降，是核桃树的一种暴食性害虫，通常周期性大发生。

1. 形态特征　成虫体长 9~11 毫米，翅展 20~24 毫米，体灰色，复眼黑色。前翅前缘至后缘有 3 条波状纹，有 3 块明显的黑褐色斑位于基部和中部。雄蛾的触角双栉齿状，雌蛾为丝状。

卵呈扁圆形，直径 0.2~0.3 毫米，初产为白色，后变为黄褐色。幼虫体长 12~15 毫米，体形短粗而扁，头呈暗褐色，背淡褐色，腹部 4~6 节背面有白条纹，胸腹部 1~9 节背面有毛瘤，每节 8 个。蛹长 10 毫米，黄褐色。

2. 发生规律及习性　1 年发生两代，以蛹茧在树冠下的土块或石块下、杂草内、树皮缝、树洞中越冬。5 月中旬至 6 月上旬羽化，羽化盛期一般为 6 月上旬。6 月中旬前后是产卵盛期，卵散产于叶背主侧脉交叉处，通常卵期为 7 天左右。成虫有趋光性。

幼虫 3 龄前不活动，在叶背面啃食叶肉，3 龄后将叶吃成缺刻或网状，仅留叶脉，白天到树皮缝内或两果交接处隐蔽不动，晚上再爬到树叶上取食。7 月上中旬是第一代老熟幼虫下树的盛期，蛹期一般 9~14 天。9 月中下旬第二代幼虫全部下树化蛹越冬。

3. 防治方法

①在秋冬进行刨树盘、刮树皮及深翻树冠下的土壤，可将在树下越冬的大部分蛹茧消灭。

②利用幼虫白天在树皮缝隐蔽和老熟幼虫下树结茧化蛹的习性，在树干上绑草诱杀。

③利用成虫的趋光性，在成虫大量出现的 6 月上旬至 7 月上旬设黑光灯诱杀。

④在 6~7 月幼虫发生期喷 2.5% 功夫乳油 3000~4000 倍液、

2.5%敌杀死乳油1500~2500倍液、50%杀螟松乳剂1000倍液防治。

三、核桃举肢蛾

主要为害核桃及核桃楸，幼虫钻入核桃青皮内蛀食，受害的果实会逐渐变黑而凹陷，故有"核桃黑""黑核桃"之称，是影响核桃产量与质量的主要害虫。

1. 形态特征 成虫体长5~8毫米，翅展10~15毫米，体呈黑褐色，有光泽，触角丝状，前翅为黑褐色，有1个略呈三角形的白斑位于端部的三分之一处，翅基三分之一处有1个小白斑，前翅及后翅的后缘都有比较长的缘毛。

卵为圆形，长约0.4毫米。初产为乳白色，孵化前是红褐色，后变为黄白色。蛹呈纺锤形，黄褐色，长4~7毫米，在较宽的一端有一黄白色的缝合线，即羽化孔。

2. 发生规律及习性 因成虫静止时后足向侧后方上举，并举作划船状摇动，用前、中足行走，故称举肢蛾。每年发生两代，以老熟幼虫在树冠下1~3厘米深的土内或杂草、石块与土壤间结茧越冬。6月上旬至7月中旬越冬幼虫会化蛹，6月下旬为盛期。成虫发生期在6月上旬至8月上旬，6月下旬至7月上旬是羽化盛期。幼虫在6月中旬开始为害，老熟幼虫在7月中旬开始脱果，8月中旬是脱果盛期，9月末尚有个别幼虫脱果越冬。越冬幼虫的入土深度为1~2厘米，多在树冠周围的土中。老熟幼虫在茧内化蛹，羽化后的成虫一般在树冠下部的叶背活动。

成虫交尾后，多在傍晚6~8时产卵。卵多产在两果相接的果面上，其次是萼洼，个别的也产在梗洼附近或叶柄上。每只雌蛾能产35~40粒卵，卵需要4~5天孵化。

初孵的幼虫在果面上爬行2~4小时后蛀果，初蛀入果时，孔外出现白色透明胶液，后变为琥珀色。隧道内充满虫粪，不转果为害。被害果青皮皱缩，逐渐变黑，造成早期脱落。不落的果实种仁不充实，失去食用价值。

3. 防治方法

①冬季结冻前刮除树干基部翘皮，彻底清除树下枯枝落叶与杂草，集中烧毁，并翻耕土壤，消灭越冬幼虫。

②成虫羽化前一般在树盘覆土2~4厘米，阻止成虫出土，或每株树冠下撒25%西维因粉0.1~0.2千克或地面按每亩撒杀螟松粉2~3千克杀成虫。

③幼虫脱果前的7月上旬，及时捡拾落果和提前采收被害果深埋，杀灭幼虫。

④自成虫产卵期开始，每隔半月喷一次10%吡虫啉可湿性粉剂4000~6000倍液或连喷3~4次2.5%敌杀死乳油1500~3000倍液、5%锐劲特浓悬浮剂1500倍液、5%吡虫啉乳油2000~3000倍液、25%西维因600倍液。

四、核桃小吉丁虫

在我国各核桃产区均有为害。主要为害枝条，严重地区被害株率能达到90%以上。以幼虫蛀入二至三年生的枝干皮层，或螺旋形串圈为害，故又称串皮虫。枝条受害后常表现为枯梢，树冠变小，产量下降。幼树受害严重时，会形成小老树甚至整株死亡。

1. 形态特征 成虫体长4~7毫米，黑色，有铜绿色金属光泽，触角为锯齿状，鞘翅中部内侧向内凹陷，头、前胸背板及鞘翅上密布小刻点。

卵呈椭圆形、扁平，长约1.1毫米，初产的卵为乳白色，逐渐变为黑色。幼虫体长7~20毫米，乳白色，扁平，头棕褐色，缩于第一胸节，胸部第一节扁平宽大，背中有1条褐色纵线，腹末有1对褐色尾刺。蛹为裸蛹，初乳白色，羽化时黑色，体长6毫米。

2. 发生规律及习性 该虫1年发生一代，幼虫在二至三年生的被害植株上越冬。成虫产卵期为6月上旬至7月下旬，7月下旬到8月下旬是幼虫为害盛期。成虫喜光，一般在树冠外围的枝条上产卵较多。枝叶少、透光好但生长弱的树受害严重，枝叶繁茂的树受害较轻。成虫寿命为12~35天。

卵期10天左右，幼虫孵化后蛀入皮层为害，随着虫龄的增长，逐渐深入到皮层和木质部为害，直接破坏输导组织。被害的枝条会表现出不同程度的黄叶和落叶现象，这样的枝条往往不能完全越冬。

在成年树上，二三年生的枝条多被幼虫为害，被害率约占72%，当年的枝条被害率约为4%，四、五、六年生的枝条被害率分别为14%、8%、2%。受害的枝条越冬时没有害虫，因为害虫几乎全部在干枯的枝条中越冬。

3. 防治方法

①秋季采收后，将全部受害枝剪除，集中烧毁，以消灭第二年的虫源。为了防止遗漏幼虫，修剪时要多剪一段健康枝。

②进入成虫羽化产卵期后，要及时设立一些诱饵，以诱集成虫产卵，并及时烧掉。核桃小吉丁虫有两种寄生蜂，可以达到16%~56%的自然寄生率，释放寄生蜂可有效降低越冬虫的数量。成虫羽化出洞前用药剂封闭树干。

③从5月下旬开始每隔15天用48%乐斯本乳油800~1000倍液或90%晶体敌百虫600倍液喷洒主干。在成虫发生期，结合防治举肢蛾等害虫，在树上喷洒25%西维因600倍液或80%敌敌畏乳油或90%晶体敌百虫800~1000倍液。

五、核桃扁叶甲

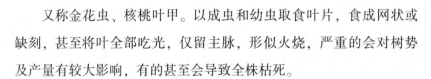

又称金花虫、核桃叶甲。以成虫和幼虫取食叶片，食成网状或缺刻，甚至将叶全部吃光，仅留主脉，形似火烧，严重的会对树势及产量有较大影响，有的甚至会导致全株枯死。

1. 形态特征 成虫扁平，略呈长方形，体长约7毫米，青黑色至黑色。前胸背板有不明显的点刻，两侧呈黄褐色，有较粗的点刻。鞘翅点刻粗大，纵列于翅面，有纵行横纹。

卵是黄绿色，体黑色，老熟时长约 10 毫米。胸部第一节为淡红色，以下各节为淡黑色。蛹黑色，腹部第二至三节两侧为黄白色，胸部有灰白纹，背面中央为灰褐色。

2. **发生规律及习性** 1 年发生一代。成虫在树干基部皮缝中或地面覆盖物中越冬。在华北成虫一般于 5 月初开始活动，云南等地通常在 4 月上中旬上树取食叶片，并在叶背产卵，幼虫孵化后群集叶背取食，只残留叶脉。5~6 月为成虫和幼虫的同时为害期。

3. **防治方法**

①冬春季将树干基部老翘皮刮除烧毁，消灭越冬成虫。

②4~5 月成虫上树时，用黑光灯诱杀。4~6 月，喷 10%氯氰菊酯 8000 倍液防治成虫和幼虫，防治效果好。

六、木僚尺蠖

又名小大头虫，是分布较广的杂食性害虫。幼虫对核桃树为害很重。它发生时，一般在 3~5 天内幼虫即可吃光全树的叶片，致使树势衰弱，核桃减产。受害的叶出现小空洞或斑点状半透明痕迹。

幼虫长大后沿叶缘吃成缺刻，或只留叶柄。

1. **形态特征** 成虫体长 18~22 毫米，腹背近乳白色，腹末棕黄色。翅白色，前翅基部有 1 个近圆形黄棕色斑纹。前后翅上都有不规则的浅灰色斑点。雌虫的触角为丝状，雄虫的触角为羽状，腹部细长，腹部末端有黄棕色毛丛。

卵绿色，扁圆形，长 0.9 毫米。卵块上覆有一层黄棕色绒毛，孵化前卵会变为黑色。幼虫有 6 个龄期，老熟时体长 60~85 毫米，体色因寄主不同而有所变化。头部密生小突起，体密布灰白色小斑点，虫体除首尾两节外，各节侧面均有 1 个黄白色圆形斑。蛹长约 30 毫米，初为翠绿色，后为黑褐色。体表布小刻点。颅顶两侧齿状突起明显，似耳状物。

2. **发生规律及习性** 每年发生一代，以蛹在树干周围土内 3 厘米处或石缝内、杂草及碎石堆中越冬。第二年 5~8 月冬蛹羽化，7月中旬为羽化盛期。成虫出土后 2~3 天开始产卵，卵多产于寄主植物皮缝或石块中，雌虫产卵量为 1000~1500 粒，卵期 9~10 天。

初孵幼虫有群集性，爬行很快，活泼，能吐丝下垂借风力转移为害。2 龄后尾足攀援能力强，静止时直立于小枝上，或将胸足和尾足分别攀在小枝的分杈处伪装成树枝，很难被发现。幼虫期通常 40天左右，老熟幼虫坠地在树下 3 厘米左右深的土缝、乱石下或石缝中化蛹。往往几十甚至几百只聚在一起化蛹。

3. **防治方法**

①从落叶后至结冻前以及早春解冻后至羽化前，要结合整地挖蛹。

②成虫羽化期的 5~8 月，利用其趋光性，晚上烧堆火或设黑光

灯诱杀。

③幼虫孵化盛期的 7~8 月，用 2.5% 敌杀死乳油 1500~2500 倍液、10% 氯氰菊酯乳剂 10000 倍液或 25% 亚胺硫磷 2000 倍液、50% 杀螟松乳剂 800 倍液喷雾。

七、草履蚧

又名草鞋蚧。我国大部分地区都有分布。该虫吸食汁液，致使树势衰弱，影响产量，严重时甚至使枝条枯死。被害枝干上会形成一层黑霉，受害越重黑霉越多。

1. 形态特征　雌成虫无翅，扁平椭圆，灰褐色，体长 10 毫米，形似草鞋。雄成虫长约 6 毫米，翅展 11 毫米左右，紫红色。触角黑色，丝状。卵为暗褐色，呈椭圆形。幼虫与雌成虫相似。雄蛹为圆锥形，长约 5 毫米，淡红紫色，外有白色蜡状物。

2. 发生规律及习性　　1 年发生一代，卵在树干基部的土中越冬。卵的孵化早晚受温度影响。

初龄若虫行动迟缓，天暖上树，天冷回到树皮缝隙或树洞中隐蔽群居，最后到一二年生的枝条上吸食为害。雌虫变为成虫需要经 3 次蜕皮，雄虫第二次蜕皮后不再取食，下树在树皮缝、杂草、土缝中化蛹。蛹期一般 10 天左右，羽化期在 4 月下旬至 5 月下旬，雄虫与雌虫交配后死亡。雌成虫 6 月前后下树，在根颈部的土中产卵后死亡。

3. 防治方法

①于 3 月初若虫上树之前将树干基部的老皮刮除，涂宽约 15 厘米的粘虫胶带。黏胶的一般配法是石油沥青和废机油各 1 份，加热化开后搅匀即成。如在胶带上再包一层塑料布，下端呈喇叭状，会有更好的防治效果。

②若虫上树前，用 6% 的柴油乳剂喷洒根颈部周围土壤。采果至土壤结冻前或第二年早春对树下进行耕翻，可在草履蚧出土前将其消灭，耕翻范围稍大于树冠投影面积，深度约 15 厘米。

③可在结合耕翻时往树冠下的土壤里撒施 5% 辛硫磷粉剂，每亩用 2 千克，后翻耙使药土混合均匀。

④若虫上树初期，在核桃发芽后喷 48% 乐斯本乳油 1000 倍液或 80% 敌敌畏乳油 1000 倍液。草履蚧的天敌主要是黑缘红瓢虫，不要在瓢虫孵化盛期和幼虫时期喷药，喷药时避免用菊酯类和有机磷类等广谱性农药。

八、核桃缀叶螟

又名卷叶虫。以幼虫卷叶取食为害，严重时会把叶吃光，影响树势和产量。

1. 形态特征　成虫体长约18毫米，翅展40毫米，全身灰褐色。前翅有曲折的外横线和明显的黑褐色内横线。雄蛾前翅前缘的内横线处有褐色斑点。卵呈扁圆形，呈鱼鳞状集中排列卵块，每个卵块有200～300粒卵。

老熟幼虫体长约25毫米，头及前胸背板呈黑色，有光泽，背板前缘有6个白点。全身的基本颜色是橙褐色，黄褐色的腹部有疏生短毛。蛹呈黄褐或暗褐色，长约18毫米。茧长约18毫米，为扁椭圆形，形似柿核，红褐色。

2. 发生规律及习性　1年发生一代，以老熟幼虫在土中结茧越冬，大多在距树干1米的范围内，入土深度为10厘米左右。化蛹期在6月中旬至8月上旬，幼虫通常在7月上中旬开始出现，7～8月是幼虫为害盛期。成虫白天静伏，夜间活动，在叶片上产卵。初孵幼虫群集为害，将很多叶片用丝黏结成团，幼虫在团内取食叶正面的果肉，留下叶脉并使下表皮呈网状；老幼虫夜间取食，白天静伏。一般树冠的上部枝和外围枝受害较重。

3. 防治方法

①于土壤封冻前或解冻后，将虫茧从受害的根颈处挖出，消灭越冬幼虫。

②在幼虫为害盛期的7～8月份，及时将受害枝叶剪除，消灭

幼虫。

③7 月中下旬，选用灭幼脲 3 号 2000 倍液或杀螟杆菌（50 亿/克）80 倍液、25%西维因可湿性粉剂 500 倍液，或 50%杀螟松乳剂 1000~2000 倍液，喷树冠，防治幼虫的效果很好。

九、铜绿金龟子

又名硬壳虫、青铜金龟等，在全国各地均有分布，可为害多种核桃。幼虫主要为害根系，成虫则取食叶片、嫩芽、嫩枝和花柄等，将叶片吃成缺刻或吃光，对树势及产量产生影响。

1. 形态特征　成虫为椭圆形，铜绿色，具有金属光泽，体长约 18 毫米。额头前胸背板两侧缘呈黄白色。鞘翅有 4~5 条纵隆起线，胸部及腹部密生细毛，颜色呈黄褐色。足的胫节和趾节为红褐色。腹部末端的两节外露。

卵圆球形，直径约 1.5 毫米，初产时是乳白色，接近孵化时逐渐变成淡黄色。幼虫体长约 30 毫米，头部黄褐色，胸部乳白色，腹部末节腹面除钩状毛，还有两列针状刚毛，每列 16 根左右。蛹长约 18 毫米，长椭圆形，初为黄白色，后变为淡黄色。

2. 发生规律及习性　1 年发生一代。以幼虫在土壤深处越冬，第二年春季幼虫开始为害根部，5 月化蛹，5~8 月开始出现成虫，为害盛期在 6 月份。成虫有趋光性，常在夜间活动。

3. 防治方法

①因成虫具有强烈的趋光性，在其大量发生期，可用黑光灯诱杀；也可用电灯、可充电电瓶灯、马灯等诱杀。方法是：取一个大水盆（最好口径为 52 厘米左右），盆中央放 4 块砖，砖上铺一层塑料布，然后将电瓶灯或马灯放到砖上，并用绳将灯与盆的外缘固定好，以防灯被风吹倒；用电灯时直接在盆上端 10 厘米处将灯泡固定即可。为防止金龟子从水中爬出，可以加少许农药在水中；或将糖、醋、白酒、水按 1：3：2：20 的比例配成液体，加入少许农药制成糖醋液，装入罐头瓶中（液面达瓶的三分之二为宜），挂在核桃园进行诱杀。

②利用成虫的假死性，人工振落捕杀。

③自然界中许多动物都有忌食同类尸体并厌避其腐尸气味的现象，铜绿金龟子也一样，所以可利用这一特点对其进行驱避。方法是：将灯光诱杀的或人工捕捉的金龟子捣碎后装进塑料袋中密封，置于日光灯下或高温处使其腐败，一般经过 2~3 天后，塑料袋就会鼓起且有类似臭鸡蛋的气味散出。此时将腐败的碎尸倒入水中，水量以浸透为度，再用双层布过滤 2 次，最后将浸出液按 1：（150~

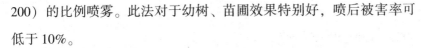

200）的比例喷雾。此法对于幼树、苗圃效果特别好，喷后被害率可低于10%。

④药剂防治。发生严重时，可喷施75%辛硫磷乳剂1500倍液，或用2.5%敌百虫粉剂喷杀成虫，防治效果均在90%以上。

⑤保护利用天敌。铜绿金龟子的天敌有刺猬、青蛙、寄生蝇、病原微生物、益鸟等。

十、核桃长足象

又名核桃果象甲，以成虫、幼虫为害核桃的果实。

1. 形态特征　成虫体为黑褐色，有光泽，密被棕色短毛，长约10毫米。头管粗，有小点刻密布，前胸背板有半圆形突起，后背板向后延伸成锥尖状，翅鞘上有凹凸成条的带状突起，肩角突出近方形，两翅前沿为圆弧形，足每节有稀疏点刻，并有白灰色短毛，腿节有一刺状距。

卵椭圆形，半透明，长约1.2毫米。幼虫白色，体肥胖，头部褐色，呈镰刀状弯曲，长9~14毫米。蛹黄白色，长约10毫米。

2. 发生规律及习性　1年发生一代。以成虫在向阳处的杂草或土内越冬，个别的在枝杈上越冬。越冬成虫在4月中下旬开始活动，成虫活动迟缓，飞翔力差，有假死性，以嫩梢为食。成虫于5月上旬在幼果中产卵，可达150~180粒，卵的孵化期为6~8天。

幼虫期约为50天，幼虫为害盛期为6月中旬至7月初。初孵的幼虫向果内蛀食，使种仁变黑，造成大量落果。受害核桃的青果皮上有明显的产卵孔，孔上有排出的虫粪和流出的汁液结成的堆积物。

7月初老熟幼虫在果中化蛹，经10~12天，羽化为成虫。成虫继续为害一段时期即进入越冬。

3. 防治方法

①最经济有效的防治方法是在幼虫害果期，每隔数日就要拾净全部落果进行集中烧毁，以消灭蛹、幼虫和尚未出果的成虫，同时将根茎的粗皮刮去，消灭越冬成虫。

②展叶后，掌握成虫的活动盛期，及时喷洒25%西维因800倍液或48%乐斯本乳油1000倍液、50%三唑磷乳油等。

③天南星、野棉花、半夏各1千克，加10千克水，煮沸过滤后用水稀释一半喷雾。

十一、桃蛀螟

以幼虫蛀食核桃果实，引起早期落果，或将种仁吃空，严重影响核桃的产量和质量。

1. 形态特征　成虫体长约12毫米，翅展26毫米。复眼，下唇与口器发达。全身橙黄色，散生黑色小斑，胸、腹部每节各有2~3个黑斑，前翅有25~26个黑斑，后翅有14~15个黑斑。腹末黑色。

卵长0.6~0.7毫米，初产为白色，后渐变为桃红色，呈椭圆形。老熟幼虫体长约25毫米，头及前胸背面为红褐色，其余皆为淡红色，每节各有12个褐色大瘤点，足褐色。蛹红褐色，腹部末端有6根卷曲臀刺，长12~14毫米。

2. 发生规律及习性　每年发生两代，以老熟幼虫在落果、树干基部的皮缝及玉米秆内吐丝绕身越冬。成虫有趋光性，还趋糖醋液，多伏于叶背面，活动、交尾、产卵均在夜间进行，白天和阴天一般不活动。卵一般散产于两果交接处。卵期为6~8天，第一代幼虫在6月上旬孵化。

初孵幼虫在短距离爬行后即蛀入果内。受害果会有黄褐色透明胶汁从蛀孔中分泌出来，与粪便混在一起附贴于果面上。幼虫期为15~20天，老熟幼虫通常在两果接缝处或果内化蛹。蛹期为8~10天，6月下旬至7月上旬羽化成虫，转换寄主，继续为害。以后约每隔1个月发生一代，直到9月幼虫老熟越冬。

3. 防治方法

①冬季刮树皮，树干涂白，收集并烧毁核桃园内的落叶、残枝，清除越冬寄主，消灭越冬幼虫。

②5~8月份在核桃集中栽培的地方，使用糖醋液或黑光灯诱杀成虫。

③及时捡拾和采摘虫果进行集中深埋，消灭果内的幼虫。

④在越冬代成虫产卵和第一代幼虫初孵期的5~6月份，用25%杀虫双水剂500~600倍液、20%杀灭菊酯乳油2000~4000倍液、50%杀螟松乳油1000倍液喷雾，对成虫、卵及幼虫均有很好的效果。

十二、舞毒蛾

又名秋千毛虫。食性杂，主要为害核桃、榆、柿、板栗、杨、柳、桑等树木，猖獗时能吃光成片林木的叶片。

1. 形态特征　成虫为雌雄异型。雄蛾体长约 18 毫米，翅展 47 毫米，头部黄褐色，复眼黑色，下唇须向前伸。前翅暗褐色或褐色，有深色锯齿状横线，中室中央有一黑褐色点，横脉上有一弯曲形黑褐色纹；前后翅反面黄褐色；后足胫节有 2 对距。雌蛾体长 28 毫米，翅展 75 毫米左右；腹部肥大，末端着生黄褐色毛丛；前翅为黄白色，横脉明显，具有一个"<"形的黑褐色斑纹，前后翅外缘每两脉间有一黑褐色斑点。

卵呈圆形，两侧稍扁，直径 1.3 毫米，初期是杏黄色，以后转为褐色。卵聚产成块，上被黄褐色绒毛。幼虫老熟时头宽约 6 毫米，黄褐色，有"八"字形灰黑色条纹，体长 50~70 毫米。背线灰黄色，各体节均有毛瘤，共排成 6 纵列，气门下线 1 列毛瘤上的刚毛最长，灰褐色，背面 2 列毛瘤的上 2 列刚毛短、黑褐色；背上 2 列毛瘤色泽鲜艳，前 5 对为蓝色，后 7 对为红色。蛹体为红褐色或黑褐色，被有锈黄色毛丛，长 19~34 毫米。

2. 发生规律及习性　1 年发生一代，以卵块在树皮缝、树干、枝、落叶层等处越冬。幼虫在第二年的 4~5 月孵化，6~7 月老熟幼虫会在树洞内、树干上、枝叶间吐丝固定虫体化蛹。初孵幼虫毛长体轻，有群聚性，遇惊扰吐丝下垂，可借风远距离传播，故称秋千毛虫。白天潜藏在树下的杂草丛、石块间或树皮缝内，傍晚后则成群上树为害。幼虫的迁移能力很强，饥饿时可远距离转移。雄成虫有趋光性，白天在林内翩翩飞舞，故称舞毒蛾。

3. 防治方法

①消灭越冬幼虫。利用舞毒蛾幼虫多群集越冬的习性，结合冬

季修剪集中灭虫。在树干束草诱集幼虫越冬加以消灭。

②消灭初孵群集幼虫及摘除卵块。

③灯光诱杀成虫。

④化学防治。在各代幼虫群集时和越冬幼虫有 50% 活动时喷药。常用的化学药剂有 2.5% 功夫乳油 3000~4000 倍液、20% 灭扫利乳油 2000~3000 倍液液、90% 晶体敌百虫 1000~1200 倍液、50% 杀螟松 1000 倍液、50% 敌敌畏乳剂 1200~1500 倍液。

十三、黄刺蛾

又名刺毛虫、洋辣子等。杂食性害虫，幼虫除取食核桃树叶片，还为害枣、桃、刺槐、柿、苹果、梨等各种树木达 120 种以上，是林木的重要害虫。

1. 形态特征　成虫全体基本为黄色，体长 13~16 毫米，翅展 30~34 毫米，前翅的内半部为黄色，外半部是褐色，有两条呈暗褐色的斜线，在翅尖上会合于一点，后翅灰黄色，足褐色。

卵黄白色，扁椭圆形，长约 1.4 毫米，宽约 0.9 毫米。幼虫黄绿色，体长 25 毫米左右，体背有一前后宽、中间细的紫褐色大型斑，并有许多突起的有毒枝刺，人的皮肤接触后会引起剧烈疼痛和奇痒。蛹黄褐色，椭圆形，长约 12 毫米。茧长 11.5~14.5 毫米，灰白色，质地坚硬，表面光滑，茧壳上有几道长短不一的褐色纵纹，形似雀蛋。

2. 发生规律及习性　1年发生两代。以老熟幼虫在分权处、树干粗皮上或树枝上结茧越冬。在1年发生一代的地区，第二年5~6月化蛹，6月中旬出现成虫，在叶背面产卵，散产或数粒、数十粒连产。成虫夜间活动，有趋光性。

7月中旬至8月下旬出现幼虫，初孵的幼虫取食卵壳，然后在叶背群集啃食下表皮及叶肉，呈圆形透明小孔。长大后分散为害，常会吃光叶片，仅残留叶柄。1年发生二代者，于5月下旬至6月上旬开始出现越冬代成虫，7月上旬是第一代幼虫为害盛期，8月上中旬是第二代幼虫为害盛期，至8月下旬幼虫老熟，在树上结茧越冬。

3. 防治方法

①剪除虫茧。冬季结合修剪果园，将虫茧剪除；也可以结合保护天敌，将虫茧堆集到纱网中，让寄生蜂羽化飞出，寄生虫茧。

②喷药防治。应掌握在幼虫2~3龄阶段进行药杀为好。幼虫孵化盛期喷洒50%敌敌畏1000倍液、10%吡虫啉可湿性粉剂2000倍液、90%敌百虫1500~2000倍液或5%锐劲特浓悬乳剂1500倍液，此外，选用2.5%敌杀死乳油1500~2500倍液、2.5%功夫乳油3000~4000倍液与前两种药剂混用或单独使用，都会收到不错的防治效果。

③灯光诱杀。刺蛾成虫都有较强的趋光性，可以在成虫羽化期间安置黑光灯诱杀成虫。

④保护天敌。茧期的天敌有黑小蜂、上海青蜂及姬蜂，螳螂是其成虫期的天敌，幼虫期有病菌感染，在除茧时注意保护寄生蜂类天敌。

十四、银杏大蚕蛾

又叫核桃楸大蚕蛾。幼虫为害核桃楸、苹果、柿、银杏等树种，能吃光树叶，对核桃的生长和结实产生严重影响。

1. 形态特征　成虫为深褐色或红褐色，翅展 105~135 毫米，前翅自翅顶至后缘有 2 条棕褐色波状纹，前翅中央有银灰色斜纹，斜纹外缘有 1 个半月形斑纹，后翅近外缘有 3 条波状线，中央有 1 个黑色圆形眼状斑。

卵呈圆形，淡绿色。幼虫幼龄时为黑色，渐变为灰草绿色，老熟时为银灰色，密生白色长毛，并间杂有黑色毛，腹面褐色或黑色，中间有 1 条白带，体长约 100

毫米。蛹呈暗褐色，茧黑褐色，长椭圆形，网状，长约 50 毫米。

2. 发生规律及习性　1 年发生一代，以卵越冬。4~5 月幼虫孵化，蚕食叶片。老熟幼虫在 6~7 月吐丝缀叶结茧化蛹越夏，常见的化蛹场所为林冠下杂草、枝条叶丛、灌木等。9 月成虫出现，在枝干下方或分枝处的下侧产卵，卵呈块状。成虫有趋光性。

3. 防治方法

①人工防治。刮卵块、采摘蛹茧及捕捉幼虫。

②生物防治。保护和利用寄生天敌。

③化学防治。喷洒 2.5% 功夫乳油 3000~4000 倍液、50% 敌敌畏 600~1000 倍液、15% 杜邦安达悬浮剂 3500~4000 倍液，防治幼龄幼虫的效果良好。

第三节 核桃病虫害的无公害防治

一、核桃病虫害无公害防治原则

核桃病虫害有很多防治方法，实际应用时要遵循"预防为主，综合治理"的植保方针，以生物防治为核心，农业和物理防治为基础，按照病虫害的发生规律和经济阈值，科学使用化学防治技术，尽量少用药、巧用药，达到保护天敌、减少环境污染等目的，有效控制病虫危害。

二、核桃病虫害无公害防治措施

农业防治法是通过核桃建园、栽培管理技术等措施，促使核桃健壮生长发育，提高核桃的抗病虫能力，抑制病虫害的发生，直接或间接消灭病虫，以实现优质丰产。农业防治法通常结合核桃树的栽培管理施行，具有预防意义，经常收到事半功倍的效果。

1. 农业防治

①栽植无病苗木。在购进核桃苗木以及接穗时都需要进行严格检查，一定不能要带根癌病、紫纹羽病和白纹羽病等病菌以及各类害虫的苗木。

②合理间作、套作。选择果园间作物时要保证对核桃树没有不良影响，没有共同病虫害，不能间作高秆作物，不能套种其他果树，保持生长季节良好的果园生态环境，压低和控制病菌与害虫的滋生、繁衍能力。

③及时耕翻。冬季将树盘深翻，可以破坏举肢蛾等害虫的土壤生态环境，从而大大降低过冬虫口的数量，起到很好的防治效果。在山坡地修鱼鳞坑可以积蓄土壤水分；在低洼地或地下水位高的地区要注意排水，可以减轻根部的病害。合理施肥灌水，可增强核桃树势，提高树体抗病力。

④合理浇灌、施肥，增强树势。以施用有机肥为主，配合无机复合肥，控制氮肥；生长后期控制土壤水分；合理调节负载量并合理整形修剪，调整和改造高大老龄树体的结构，降低树高，保持树冠通风透光，以增强树势、便于管理。

⑤人工防治。利用害虫的假死习性，振树捕杀害虫，如金龟甲、天牛等。病虫害发生初期，进行人工捕杀害虫，摘除病叶，铲除害虫过冬场所。核桃树的树冠高大，栽植分散，人工防治很重要。

⑥搞好园地卫生。落叶后要集中清扫落叶，摘除病虫果、病叶、病虫枝，刮除枝干病疤、虫卵虫茧，清除杂草，减少越冬病虫数量。

⑦加强田间管理。在核桃生长期和采收后及时清洁果园，堵树洞，刮树皮，除卵块，剪除病虫枝，压低休眠期病虫越冬基数，可

有效防治黑斑病、枯枝病、核桃小吉丁虫等。成虫产卵前在临近主根上和根颈部涂抹石灰泥阻止产卵，可以对芳香木蠹蛾和根象甲有很好的防治效果。根据炭疽病、核桃白粉病等在病枝残叶上越冬的特点，要在秋末冬初将树体和树下周围的残枝落叶和杂草彻底清除，全面消灭越冬菌源。及时摘除树上黑果，拣拾地面落果，集中深埋，杀死果内举肢蛾、桃蛀螟和果食象甲等幼虫，减少后期虫果和越冬虫口。

⑧适时采收。结合采收核桃果实，可摘除病虫枯枝进行集中烧毁。对刚摘下的黄绿核桃，注意堆积时的温度不能过高，以免引起核桃仁霉烂等。

2. 物理防治　物理防治是指创造不利于病虫害发生，但有利于或无碍于作物生长的生态条件的防治方法。它是根据害虫的生物学特性，通过病虫对湿度、温度、颜色、声音、光谱等的反应能力，采取树干缠草绳、黄色粘虫板、驱虫网、糖醋液和黑光灯等方法来控制虫害的发生，杀死、驱避或隔离害虫。物理防治具有无残留、不产生抗性等特点。

（1）诱集捕杀害虫

①灯光诱杀。利用害虫的趋光性，可使用黑光灯、太阳能杀虫灯、光电生物灭虫灯等，诱杀害虫，一般诱捕距离为 100~170 米，最好安装自动开关。

②食饵诱杀。利用害虫对食物的趋化性诱杀害虫，如对桃蛀螟利用糖醋液进行诱捕等。

③潜所诱杀。利用害虫过冬的隐蔽性，提供人工潜所，将害虫诱集在一起，集中杀死。如在核桃树干上束草可诱集叶螨等。

（2）阻隔保护

①树干扎塑料裙。因为春尺蠖在土壤里过冬，雌虫没有翅，若要进行产卵则必须经过主干爬到树上交尾。此方法可以因主干上扎的塑料裙光滑而阻止雌蛾上树。

②涂粘虫胶。在树干上涂凡士林、黄油、粘虫胶等，可将上树的害虫粘住。

③树干涂白。可防止树干冬季冻裂、夏季日灼，还可阻止芳香木蠹蛾、天牛等产卵。

④果实套袋。在果实上套袋可阻止害虫在果面产卵，从而防止蛀果害虫为害。

（3）利用温度灭菌　新建核桃园，夏季三伏天将土壤深翻暴晒，可杀死土壤中多种根腐病菌和多种地下害虫。

（4）辐射防虫　利用钴 ⁻⁶0 丙种射线，用 25 万～32 万伦琴高剂量照射可将害虫直接杀死，用低剂量 6 万～12 万伦琴照射，可以将雄虫生殖器官功能破坏掉，然后把经人工饲养的雄虫以低剂量处理后，释放到田间，与雌虫可交尾，但不能受精，从而达到防虫目的。

3. 生物防治　生物防治是利用有益生物或其他生物来抑制或消灭有害生物的一种防治方法。该方法不污染环境，不破坏生态平衡，有利于生态可持续发展。

（1）害虫天敌的利用

①捕食性天敌昆虫的保护利用。经常可以看到多种瓢虫、草蛉、食蚜蝇等在核桃树上捕食蚜虫、蚧虫等害虫，维持着昆虫生态平衡。

②寄生性天敌昆虫的保护利用。在多种为害核桃的鳞翅目害虫

的卵、幼虫和蛹期，都会寄生多种寄生蜂，通常蚧虫、蚜虫的寄生率可以达到50%以上（在没有喷化学农药时）。

③食虫鸟的保护利用。在果园里有50多种食虫鸟，其中啄木鸟、大杜鹃、沼山雀等可捕食天牛和吉丁虫以及刺蛾类、毛虫类等害虫。据报道，山东省平邑县曾用两对啄木鸟，经过三个冬季，控制了星天牛的为害。

④害虫天敌昆虫的引进和释放。吹绵蚧为害柑橘等250余种植物，美国在1888年从澳大利亚引进其天敌澳洲瓢虫，逐渐控制了吹绵蚧的为害。我国也在1955年引入澳洲瓢虫，并逐渐扩散增殖，对吹绵蚧的蔓延实现了有效控制。有些天敌昆虫因为数量少，又总是赶不上害虫数量的迅速增长，所以很难对害虫的为害进行有效控制，需要人工大量饲养和繁殖天敌昆虫，在害虫大发生时释放出去，以弥补自然天敌昆虫的不足。

（2）病原微生物的利用

①昆虫病原细菌的利用。寄生于昆虫的细菌有10余种，其中的苏云金杆菌就有34个变种，在形成芽孢和伴孢晶体后，对膜翅目、双翅目、鳞翅目幼虫的致病性很强。目前苏云金杆菌在全世界已工业化生产。

金龟子芽孢杆菌专性寄生在50余种蛴螬内，并使其致病死亡。防治果树的根癌病可以利用无致病的放射土壤杆菌K84。杀菌防虫的链霉菌，如浏阳霉素、华光霉素、阿维菌素等可以有效防治害虫、叶螨。此外，多抗霉素、抗霉菌素120、中生霉素等都可以有效防治果树的病害。

②病原真菌的利用。侵染天牛幼虫、金龟幼虫蛴螬的有绿僵菌、

白僵菌。侵染蚜虫、介壳虫、粉虱等的有轮枝霉菌。防治果树根白绢病可以利用哈茨木霉重寄生菌等。

③昆虫病毒的利用。舞毒蛾多角体病毒和桑毛虫多角体病毒等已在生产上使用。

④昆虫病原线虫的利用。在核桃树盘土壤上每平方米喷洒 11 万条斯氏线虫，对防治核桃举肢蛾幼虫有 80% 的效果。

（3）昆虫激素的利用

①昆虫保幼激素的利用。昆虫的生长发育及变态蜕皮由其咽侧体分泌的内激素控制。根据内激素的化学结构，目前已经人工生产出除虫脲、灭幼脲和氟虫脲等 10 余种农药。为了相对减少环境污染，通常会在鳞翅目幼虫期使用，但作用较慢。

②昆虫性信息素的利用。昆虫雌虫引诱雄虫主要依靠其腹末分泌腺体向外释放的化学物质。所以根据其性外激素的化学结构，目前已经人工合成出多种昆虫性外激素，可以吸附到塑料管、橡皮塞凹处，挂到田间树上引诱雄虫，以较好地测报成虫期，从而指导防治工作。

（4）植物源农药　在一些植物体内含有某种杀菌或杀虫的活性物质。将活性物质通过一定程序提取出来而制成的制剂就是植物源农药，如除虫菊粉、苦楝素等，这种农药具有低残留、低毒、无污染等特点。

生物防治是综合防治植物病虫害的重要防治方法之一，但其效果比较慢，有些病虫目前还未找到有效的生物防治方法。生物防治受地理、气候等条件的限制比较多，且防治效果并不稳定，大批生产繁殖的有益生物及产品还很少，对一些防治水平要求较高的病虫害很难达到防治目标。

4. 化学防治　目前果树病虫害的防治已广泛应用化学药剂，它的优点是高效、速效和特效，使用方法简便。但长期使用化学药剂后，也会有一些问题出现：一是长期使用化学药剂，会使病虫逐渐产生抗药性，导致农药的用量逐渐加大；二是化学药剂会杀伤病虫天敌，破坏自然平衡，诱发病虫再猖獗；三是一些化学药剂性质比较稳定，分解比较慢，会对生态环境造成污染，从而对人、畜造成伤害。所以化学防治的用药原则是根据防治对象的生物学特性和为害特点，合理使用矿物源农药、生物源农药和低毒有机合成农药，中等毒力的农药要有限制地使用，剧毒、高毒、高残留农药要坚决禁止使用。

（1）对症用药　农药的种类很多，每一种农药都有一定的使用方法和防治对象。要想对症用药，就必须准确掌握其防治对象。通常一种病害或一种害虫，都有几种农药可以防治，防治前要本着有效、经济和方便的原则进行选择，不要把防虫的农药用到防病上。要严格掌握农药的稀释度，浓度过高会出现药害，浓度过低则防治效果差。对树冠进行喷药要按照先上后下、先内膛后外围的顺序。防果实病虫害，就将药喷到果实上；防叶部的病虫害，就需要重点在叶片上喷药，喷药应均匀周到。

（2）安全用药　生产无公害果品，必须选择无公害农药，要选用低残留、低毒、对环境和天敌负面影响小的农药。还要注意选用药效稳定持久、耐雨水冲刷的农药。为了防止发生药害，对新用的农药要先进行防治试验，在取得经验后再大面积使用。

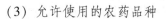

（3）允许使用的农药品种

①杀虫、杀螨类。0.3%苦参碱水剂、1%阿维菌素乳油、5%尼索朗乳油、10%吡虫啉可湿性粉剂、10%多来宝悬浮液、25%扑虱灵可湿性粉剂、25%灭幼脲Ⅲ号悬浮剂、45%晶体硫合剂、50%马拉硫磷乳油、50%辛硫磷乳油、苏云金杆菌可湿性粉剂、石硫合剂等。

②杀菌类。1%中生菌素水剂、2%农抗120水剂、5%菌毒清水剂、腐必清乳剂、15%粉锈宁乳油、27%铜高尚悬浮剂、40%福星乳油、石灰倍量式或多量式波尔多液、50%多菌灵可湿性粉剂、50%扑海因可湿粉、50%硫胶悬剂、石硫合剂、843康复剂、68.5%多氧霉素、70%代森锰锌可湿性粉剂、70%乙膦铝锰锌可湿性粉剂、70%甲基托布津可湿性粉剂、75%百菌清可湿性粉剂、80%喷克可湿性粉剂、80%大生M-45可湿性粉剂等。

（4）限制使用的农药 2.5%敌杀死乳油、4.5%高效氯氰乳油、5%来福灵乳油、20%灭扫利乳油、20%速灭希丁乳油、20%菊马乳油、21%灭杀毙乳油、30%桃小灵乳油、80%敌敌畏乳油、70%溴马乳油。

（5）禁止使用的农药 甲基对硫磷、甲基异硫磷、灭线磷、硫环磷、甲拌磷、乙拌磷、久效磷、对硫磷、地虫硫磷、氯唑磷、苯线磷、氧化乐果、六六六、林丹、氟虫胺、百草枯、氟化钠、氟乙酰胺、磷胺、克百威、涕灭威、灭多威、杀虫脒、克螨特、滴滴涕、三氯杀螨醇、福美砷及其他砷制剂等。

（6）合理使用化学农药的具体措施

①加强病虫害的预测预报，做到在发生初期有针对性地适时用药。在没有达到防治指标或益害虫的比例合理的情况下不用药。如

早实核桃易患炭疽病，要在其发芽前喷石硫合剂，6 月份开始每隔 15 天喷一次 1000~1500 倍甲基托布津或喷 200 倍等量式波尔多液，可控发病。具体用药，要结合当地的具体情况进行施用。

②每年最多用 2 次允许使用的农药，最后一次施药要距采收期 20 天以上。

③每年最多使用 1 次限制使用的农药，最后一次施药要距采收期 30 天以上。

④严禁使用未核准登记的和禁止使用的农药。

⑤根据天敌的发生特点，合理选择农药种类、施用方法和施用时间，以有效保护天敌。

⑥注意交替使用和合理混用不同作用机理的农药，以延缓害虫和病菌产生抗药性，提高防治效果。

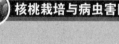

第七章

核桃的采摘与加工

核桃的采收与处理

一、采收适期

核桃果实成熟的外部特征为：青果皮由绿变黄，部分顶部出现裂纹，青果皮容易剥离。成熟的内部特征是：幼胚成熟，种仁饱满，颜色变浅，子叶变硬，风味浓香，这时是果实采收的最佳时期。核桃的果实大小和坚果会在成熟前一个月内基本稳定，但出仁率与脂肪含量会随着采收时间的推迟而呈递增趋势。核桃的品种不同，采收期也不同，一般出现三分之一的外皮裂口时就可以开始采收，过早或过晚均不利于核仁的品质。

核桃的适时采收非常重要。如果采收过早，青皮不容易剥离，核仁不饱满，产量降低，出仁率低，加工时出油率也会降低，而且不耐贮藏。有测定表明，平均早采 1 天，干果的重量就会降低 0.49%，仁重降低 1.17%；如果早采了半个月，产量会降低 10.6%。

如果采收过晚，则会出现果实脱落的状况，同时，如果青皮开裂后停留在树上的时间过长，就会增加被霉菌感染的概率，导致坚果的品质下降，特别是一些纸皮类型的品种，所受影响会更大，甚至会导致其食用价值降低。所以，适时采收是获得丰产丰收、保证核仁质量的重要环节，一定要适时采收。

不同品种和不同气候条件下，核桃果实的成熟期也不相同。早熟品种与晚熟品种的成熟期可相差 10~25 天。通常情况下，北方地区的成熟期多在 9 月上旬至中旬，南方相对要早一些。即使是同一品种，在不同地区其成熟期也会有差异，如平原地区的成熟期要早于山区，低海拔地区的成熟期往往早于高海拔地区。即使是在同一地区的同一品种，其成熟期也会有不同，如阳坡比阴坡成熟早，干旱年份比多雨年份成熟早。

目前我国普遍存在核桃掠青早采的现象，而且情况日趋严重。对各产区的相关调查表明，目前我国核桃的采收期普遍会提前 10~15 天，由此而损失的产量在 8% 左右，按我国 2005 年产量 50 万吨计，每年因早采收就会损失约 4 万吨。提早采收也是近年来我国核桃坚果品质下降的主要原因之一。所以，适时采收是核桃栽培管理中一项重要的技术措施，应该给予足够的重视。

二、采收方法

核桃的采收方法有人工采收法和机械振动采收法两种。我国目前普遍采用的是人工采收法。而欧美发达国家在核桃采收方面已用机械化代替手工劳动，大大提高了采收效率，节省了采收时间。

1. 人工采收 在进行人工采收前，要根据核桃树所在地的地形以及树冠大小决定如何采摘。成熟期不一致的，要分批采收，并严格按照品种分别采收，分别加工。

（1）核桃树在平地或者树冠较小 可直接手工采摘，将果实采下放入提篮、布袋或竹筐等容器中，并在采摘过程结束后，将果实集中到运输车上，运至加工场所进行脱青皮。

（2）核桃树在山坡地或者树冠较大 手工采摘会不方便，一般要事先在核桃树盘内铺上塑料布，然后用竹竿或者带弹性的长木杆敲击果实所在的枝条或将果实直接击落。敲打时要注意从上至下，从内向外顺枝进行，防止劈裂枝条；还要注意不能用力过猛，以免损伤枝芽而影响翌年产量。

2. 机械振动采收 机械振动采收就是用机械振动树干，将果实晃落到地面后收集。这种采收方法具有省时省力、高效率、低成本的优点。

这种方法应用的机具包括振动落果机、清扫集条机和捡拾清选机。其作业流程是先用振动落果机使核桃振落到地面，再用清扫集条机把地面的核桃集中成条，最后由捡拾清选机捡拾并简单清选后装箱。因为同一株核桃树上的果实成熟期并不完全一致，所以采用机械采收时，必须在采收前的 10～20 天，对树体喷洒 500～2000 毫克/千克的乙烯利进行催熟，从而使其成熟一致。这种方法的优点是容易剥落青皮，果面污染轻；其缺点是因为要用乙烯利催熟，往往会造成叶片大量脱落而影响树势。

无论用什么方法进行采收，采收前都应该先将地面早落的病果、虫果等捡拾干净，并做妥善处理。一定要及时捡拾已经被打落的果实，并将带青皮的果实和落地后已脱去青皮的坚果分别放置。此时可以直接漂洗脱去青皮的坚果，以避免将其混在带青皮的果实中，从而在脱青皮的过程中污染坚果果面。要将采收后的果实尽快放置到阴凉通风的地方，注意避免阳光暴晒，以免过高的温度使种仁颜色变深，甚至使种仁发生酸败变味。

三、果实处理

现在，核桃集中的产地或产量较大的单位，往往实行脱皮、漂洗、烘干、分级、包装等流水线作业，从而提高了果品质量，也大大提高了工作效率。而河南省济源市则依据农户的产量及产业化程度分别采用传统方法和流水线方式作业，效果也非常好。

1. **脱青皮**　核桃果实采收后，为保持果面的洁净，提高商品外观品质，应尽快脱掉坚果外面的青皮（总苞或果皮）。脱青皮的方法目前主要有以下三种：

（1）**堆沤脱皮法**　产量比较少的农户可以把采下的青皮核桃放到通风的室内或阴凉处（严禁在室外阳光下暴晒，以免核仁发热变色变质），堆成高50厘米左右的堆，堆上覆盖约10厘米厚的秸秆、杂草等，以提高堆内温度促进皮核脱离。4~6天后，当青皮开始膨胀或出现裂口时，就要用木棍敲击使青皮裂开，以脱出坚果。这时会有部分不能脱皮的果实，应将这些未脱皮的再集中堆沤数日，直到全部脱皮为止。堆沤时间的长短与果实的成熟度有关，成熟度越高，堆沤时间越短。为防止青皮腐烂变黑而污染坚果和核仁，切勿堆沤时间过长。一般正常的果实堆沤3~5天均能脱去青皮，如果继续堆沤仍未脱离的，往往是未受精而没有种仁的假果，并没有经济价值，可弃之。

（2）乙烯利脱青皮 对于产量比较大的单位，将采下的青皮核桃集中堆在通风处，堆成宽 1.5~2 米、高 0.5 米、长因量而定的堆；在堆的过程中，用 3000~5000 毫克/千克的乙烯利均匀地喷洒在青皮核桃上，然后盖上塑料薄膜，以提高堆内温度。因为青皮核桃堆不能在太阳下暴晒，可在青皮核桃堆的四周设立四个支柱，拉上遮阳网。通常情况下需要两天翻一次堆，以防止下面的青皮腐烂，导致果面污染。3 天后可以检查离皮的情况，如果离皮，应及时安排脱皮。方法是在青皮核桃上用刀划一下，即可将青皮脱去。如果用乙烯利处理，一般 3~4 天后的离皮率就可以达到 90% 以上。乙烯利的使用浓度、处理时间与果实成熟度有密切关系，果实成熟度越高，用药浓度越低，催熟和脱皮所需时间越短。此外，用乙烯利脱青皮时必须有良好的通气条件，以保持核桃果实的正常呼吸作用。

（3）核桃青皮剥离机 该机器是由新疆农业科学院农业机械化研究所针对实际情况研制出来的核桃初加工机械。对其性能指标的测定结果表明：青皮剥净率为 88%，机械损伤率为 1%，生产率为每小时 1216 千克。该机器加工后的核桃，外观洁净没有黑斑，明显提高了商品核桃的外观质量。相对于手工脱离青皮，机械剥离青皮可以提高 20 倍的工作效率，并可以避免青皮对手的损伤。

2. 坚果洗涤 对脱掉青皮后的核桃，要将表面残留的青皮、泥土和其他污物及时洗净干净。所以脱皮处的设置要距离清洗池近一些，以便于操作。将脱青皮后的核桃放在长 2 米、宽 1.5 米、深 0.8 米的有活水流动的清洗池内边浸泡边搅拌，2~3 分钟后捞出坚果，就近放到竹筐中或底部漏水的铁槽内，用高压水枪冲洗。依靠高压冲力，可以将果面的污物洗净，然后倒入可容纳 10 千克的网袋内沥水。数量少的可摊在苇席上，置于阴凉通风处晾干。

用作播种的核桃坚果，脱青皮后可以不用水洗，直接晾干后贮藏备用。

注意，脱青皮和水洗不宜间隔时间太长（不得超过 3 小时），最好要连续进行，否则坚果基部维管束收缩，容易侵入水，使种仁变色、腐烂。

3. 干燥方法　为避免水分过多而导致坚果霉烂，贮藏的核桃必须达到一定的干燥程度，坚果干燥就是蒸发掉核桃壳和核仁的多余水分。干燥后的坚果（壳和核仁）含水量要低于 8%，如果高于8%，容易使核仁生长霉菌。生产上对干燥程度的判断以内隔膜易于折断为标准。

（1）自然风干　洗净后的坚果不能立即放在日光下暴晒，应放在通风处晾半天左右，待大部分坚果表皮干燥无水时，再移到阴凉处摊开风干，以免带湿的坚果在日光下暴晒后壳皮翘裂，造成污染，降低商品质量。坚果摊放一般以不超过两层为较适宜厚度。晾晒过程中要经常翻动，以达到色泽一致、干燥均匀。通常经过 5~7 天即可晾干，干燥后的坚果含水率应该低于 8%，晾晒时的气温最好不要超过 43℃。此时坚果碰敲声音脆响，横隔膜极易折断，核仁酥脆。

（2）火炕烘干　烘架上坚果的摊放厚度最好不要高于 15 厘米，过薄或过厚都会导致烘烤不均匀，易裂果或烤焦。温度控制在烘烤过程中至关重要。刚上炕时因为坚果的湿度大，烤房温度应在 25~30℃，同时要将天窗打开，以排出大量蒸发的水分。当烤到四五成干时，关闭天窗，将温度升到 35~40℃；待坚果七八成干时，再将温度降低到 30℃左右，用文火烤干即可。果实从开始烘干到大量排出水汽之前不宜翻动，烘烤 10 小时左右，壳面无水时才可翻动，越接近干燥，翻动越勤，最后每隔 2 小时左右翻动一次。

（3）机械烘干　用烘干机加热，烘干质量高，速度快，可一次烘干 2~4 吨。如果数量比较大，为了提高速度，可多安装几台。据记载，某地区使用上海产的某个牌子的烘干机，烘炕长 4.5 米、宽 2.2 米、高 0.8 米，网状的底部每层有 70 个可装 10 千克核桃的网袋，每个炕装 6 层，可容纳 4~4.5 吨。装炕后，第一次烘烤从低处升温，最高温度达 38~39℃，主要是进行排湿。烘烤 12 小时，中间最少翻一次炕。12 小时后出炕，在室内通风处排开，最多堆 2 层。将所有脱皮的坚果进行第一次烘炕后，然后就进行第二次回炕。将第一次烘烤过的坚果按顺序依次装炕，方法同第一次装炕，此后升温至 45~49℃。这次的主要任务是烘干，烘干时间一般为 12 小时，其间要进行 2~3 次翻炕。烘干后出炕分级。

四、分级与包装

1. 坚果的分级标准与包装 坚果的大小决定了其市场价格的高低，坚果愈大价格愈高。根据外贸出口的要求，坚果分级以坚果直径大小为主要指标。一般需要通过筛孔将坚果分为三等，30毫米以上的是一等，28~30毫米为二等，26~28毫米的是三等。美国现在推出特大号和大号商品核桃，我国也开始组织出口32毫米核桃商品。出口核桃坚果除以果实大小作为分级的主要指标，还要求其壳面洁白、光滑、干燥（核仁水分不超过4%），其中的杂质、虫蛀果、破裂果、霉烂果总计不能超过10%。

2006年国家标准局发布的《核桃丰产与坚果品质》标准中，按照坚果单果重、核壳厚度、外观、种仁颜色、种仁饱满程度、取仁难易、出仁率及风味八项指标将核桃坚果的品质划分为优级、一级、二级、三级四个等级。标准中还明确规定缝合线开裂、果面或种仁有黑斑、露仁的坚果超过抽检样品数量的10%时，不能评为优级与一级；抽检样品中有超过5%的夹仁果时，列为等外。

2. 取仁方法及核仁分级标准与包装

（1）取仁方法 我国核桃取仁的方法有人工和机械取仁两种。人工取仁过程中，须注意果实的摆放位置，要根据核仁结构及坚果三个方位强度的差异，选择缝合线与地面平行放置，敲击时用力要均匀，防止多次敲打和用力过猛，以免增多碎仁。砸仁之前一定要搞好卫生，清理场地，以尽量减少坚果砸开后种仁受到污染的情况，尤其不能直接在地上砸。砸破坚果后，要将其堆放在铺有席子、塑料布的场地上或装入干净的筐篓中。剥核仁时，尽量戴上洁净手套，仁要装入干净的容器中，然后再分级包装。

目前机械取仁有以下几种方法：离心碰撞式破壳法，因为此方法会产生太多碎仁，所以应用很少；化学腐蚀法，由于此方法在实际操作中不好控制，容易使果仁受到腐蚀，处理不好还会污染环境，因此人们不愿接受；超声波和真空破壳取仁法，这两种方法使用的设备比较昂贵，导致破壳成本过高，且破壳效果不够理想；目前应用较多的方法是定间隙挤压破壳法。但因为核桃的品种繁杂，形状不规则，尺寸差异较大，壳仁间隙小，破壳后还要进行壳仁分离，加之碎壳、碎仁上有许多毛刺，所以核桃的破壳取仁难度较大。

（2）核桃仁的分级标准与包装　主要依核桃仁的颜色和完整程度将其划分为八级。

白头路：二分之一仁，淡黄色；

白二路：四分之一仁，淡黄色；

白三路：八分之一仁，淡黄色；

浅头路：二分之一仁，浅琥珀色；

浅二路：四分之一仁，浅琥珀色；

浅三路：八分之一仁，浅琥珀色；

混四路：碎仁，种仁色浅且均匀；

深四路：碎仁，种仁深色。

在进行核桃仁的收购、分级时，除注意仁片大小和核仁颜色，还要求核仁干燥，水分不能超过4%；核仁肥厚，饱满，无霉烂变质，无杂味，无虫蛀，无杂质。不同等级的核桃仁，出口价格不同，白头路最高，浅头路次之。目前我国大量出口的商品主要为白二路、白三路、浅二路和浅三路四个等级，混四路和深四路都用作内销或加工。

核桃仁出口时，要用纸箱或木箱按等级进行包装，每箱核桃仁净重20~25千克。包装时要采取防潮措施，一般是将硫酸纸等防潮材料衬垫在箱底和四周，装箱之后立即封严、捆牢。在箱子的规定位置上印明重量、地址、货号。

五、贮藏

1. 核桃的贮藏原理与条件　核桃仁含有较高的油脂量，为63%~74%，而其中90%以上是不饱和脂肪酸，有70%左右为亚油酸及亚麻酸，这些不饱和脂肪酸非常容易氧化酸败，即俗称的"变蛤"。核桃及核桃仁种皮的理化性质对抗氧化有重要作用，一是隔离空气，二是内含抗氧化剂的化合物。但核壳及核仁种皮的保护作用是有限的，而且在抗氧化过程中种皮的单宁物质因氧化而变深，虽不影响核桃仁的风味，但是会影响外观。坚果食品卫生标准（GB

16326-2005）规定，核桃仁的酸价（以脂肪计算）≤4毫克（氢氧化钠）/克，过氧化值（以脂肪计算）≤0.08克/100克。因此，低温及低氧环境是贮藏核桃的重要条件，而根据贮藏时间的长短和数量的多少选择适宜的条件进行贮藏是非常重要的。

核桃适宜的贮藏温度为1~3℃，相对湿度为75%~80%。一般的贮藏温度也应低于5℃。一般长期贮藏的核桃含水量不得超过7%。贮藏方法因贮量和所贮时间不同而有所差异。

2. 室内贮藏法　一般将晾干的核桃装入围囤，或装入布袋或麻袋置于室内，下面用木板或砖石支垫，使袋子离地面40~50厘米。必须要保持贮藏室的冷凉、通风、干燥、背光，同时还要注意防治鼠害。但是，该种方法只适合短期存放核桃，在常温下能贮藏到夏季来临之前，保持核桃仁的品质基本不变。

3. 低温贮藏　长期贮存核桃应有低温条件。对于贮藏时间较长、数量不大的核桃，可密封入聚乙烯袋，贮存在0~5℃的冰箱中，可保持良好品质2年以上。数量较大时，最好用麻袋包装或冷藏箱包装，贮存在0~1℃的恒温冷库中，核桃仁的品质可保持2年左右。

4. 薄膜帐贮藏　在核桃贮藏量大，又不具备冷库条件时，可采用塑料薄膜帐密封贮藏核桃。具体做法是：选用0.2~0.23毫米厚的聚乙烯膜做成帐，可以根据存贮量和仓储条件确定其大小和形状。我国北方地区，冬季空气干燥，气温较低，核桃果实一般不会发生明显的变质现象。因此，在秋季将坚果充分干燥后入帐，封帐在第二年的2月份气温回升前进行，密封时应保持低温。在帐内通入二氧化碳，可以抑制核桃呼吸，减少损耗，同时还可以抑制霉菌的活动，防治霉烂。二氧化碳浓度达到50%以上，可以防止因油脂氧化而导致的败坏现象及虫害的发生。南方秋末冬初气温高，空气湿度大，核桃入帐时必须要加入吸湿剂然后再进行密封，这样可以降低帐内湿度。当春末夏初气温升高时，即使在密封的帐内也不安全，这时可配合充入二氧化碳或充氮的方法降低含氧量（2%以下），以抑制其呼吸，防止霉烂、酸败及虫害，减少损耗。二氧化碳浓度达到50%以上或充氮1%左右，都会收到比较理想的效果。

5. 辐照处理　虫害也是影响核桃贮藏品质的重要因素。过去对核桃贮运过程中的虫害主要是采用熏蒸的方法进行控制的，用溴甲烷（40～56克/平方米）熏蒸库房3.5～10小时，或用二硫化碳（40.5克/平方米）密封18～24小时，均有显著的除虫效果。但是，由于熏蒸剂对人体和环境都会产生不良影响，现在已被禁止使用。采用辐射处理可有效地替代化学方法。辐射剂量1千戈瑞（1000焦耳/千克）能够杀死所有滋生昆虫，同时不会使坚果的成分发生显著改变，也不会对感官品质产生负面影响。

核桃产品在贮藏过程中不得与有毒、有害、有异味、易腐蚀、易挥发的物品同处贮存，在运输过程中也不得与上述物品混装运输，同时应避免日晒、雨淋。

第二节 核桃的深加工技术

　　核桃仁不仅含有丰富的蛋白质和脂肪，还含有大量的维生素和矿物质等，是理想的营养与医疗保健食品。为了满足市场需要，以核桃为原料制成的食品越来越多。主要有以下几类产品：以核桃仁为原料的产品较多，其中罐头制品有甜味核桃仁、咸味核桃仁、琥珀核桃仁等；以坚果为原料的产品主要有五香核桃和椒盐核桃等；做糕点原配料的制品有桃仁月饼、核桃茯苓夹饼及各种糕点等；做糖果制品的有核桃蘸、核桃奶糖、桃仁麻片等；做烤制食品配料的主要有夹心面包、各种高级蛋糕等；做饮料食品的主要有冰淇淋、果茶、雪糕等；还有将核桃仁经过蜜制后加入牛奶制品中制成的各种乳制品。

一、核桃壳的深加工

　　1. 核桃壳超细粉　核桃壳的硬度比较大，不太容易破碎，这给处理带来了一定困难，但同时也正因其特性而带来巨大的商机。美国的研究者发现，将核桃壳进行超微粉碎制成超细粉后，有非常广泛的用途。

在金属清洗行业，经过处理后的核桃壳可以用作金属的抛光和清洗材料。比如，轮船和汽车的齿轮装置以及飞机的引擎、电路板等，都可以用处理后的核桃壳进行清洗。核桃壳被粉碎成极细的颗粒后具有巨大的承受力及一定的弹性、恢复力，所以适合制作气流冲洗操作中的研磨剂。

在石油行业，松散地质部分和断裂地带的石油钻探与开采比较困难，这时可以将核桃壳超细粉用作堵漏剂进行填充，以利于钻探与开采的顺利进行。

在高级涂料行业，将加工后的核桃壳添加在涂料中可使涂料具有类似塑料的质感，性能显著优于普通涂料。这种涂料可以涂在墙纸、砖、塑料以及墙板上，用以覆盖表面的裂痕。

在炸药行业，炸药制造者在炸药里加入核桃壳超细粉，使它与其他添加物一起大大增加了炸药的威力。

在化妆品行业，核桃壳超细粉作为纯天然物质，安全无毒，可作为一种粗糙的沙砾般的添加剂，用在牙膏、肥皂以及其他一些护肤品里，效果是非常理想的。

核桃壳超细粉的加工方法主要有以下几类：一是磨介式粉碎，指借助它与运动的研磨介质一起产生的作用力进行粉碎的方法。这种方法的代表设备有搅拌磨、球磨机等。磨介式粉碎的特点是产品颗粒程度较大而且不是很均匀。二是机械剪切式超微粉碎。这种方式常用于柔性物料和韧性物料的加工。三是气流式超微粉碎。它是将超音速气流作为颗粒的载体，使颗粒随着气流的运动相互碰撞，从而达到粉碎的目的，其类型有循环管式、扁平式、对喷式等。气流式超微粉碎的产品粒度比较均匀，而且温度上升比较低。根据核桃壳的性质，制取核桃壳超细粉采用气流式超微粉碎法，会有比较理想的效果。随着用途的不断扩大，核桃壳的市场也会越来越大，价值甚至可能超过核桃仁。

2. 核桃壳的其他用途　因为核桃壳的质地厚实坚硬，所以是生产活性炭（医用、食品）和木炭的最佳原料之一。把核桃壳粉碎成 2.5~15 毫米的碎片，在 810℃下活化 150 分钟，可制得优良活性炭。

以核桃壳为原料提取食用棕色素，为了取得较好的效果，可以用含水乙醇作为溶剂进行提取，且操作简便；核桃壳棕色素具有良好的耐热性和抗氧化性并带有淡淡的香味；提取后的残渣还可用于活性炭的制取，这是提高核桃壳利用率的有效途径。关于核桃壳棕色素的结构、其作为天然色素的类属以及提取成本的核算等内容，有待于进一步探讨。

核桃壳亦可以用于干馏生产，其主要产品有核桃壳焦油。将核桃壳焦油进行真空蒸馏加工后，可以制成蜊抗聚剂，此产品可满足合成橡胶工业生产的需要；用核桃壳焦油生产的抗聚剂代替用木材生产的抗聚剂，不仅有效减少了木材消耗，也相应减少了对森林的破坏，从而有利于环境保护。

二、核桃仁的深加工

1. 核桃油　核桃属于小宗特种油料，必须根据其特性选择合适的制取方法，既要保持核桃油的天然品质又要避免核桃蛋白的变性。国内外对核桃油制取方法的研究比较多。目前被采用的方法有多种，其中主要有压榨法、水代法、有机溶剂萃取法、超临界二氧化碳流体萃取法。

压榨法分为螺旋压榨法和液压法两种。因为核桃仁的含油量高达65%~70%，且纤维状物质很少，所以很难用机榨制油。如果不添加其他辅料的话，榨腔内就没有办法达到榨油所需要的压力，核桃饼跟核桃油也就没有办法分离，从而会呈酱状一起被挤压出来，无法制取核桃油。为了克服这个问题，可以采用螺旋榨油机。制取核桃油时，在核桃仁中添加部分核桃壳，这样就会比较容易将核桃油压榨出来，但是这样会导致榨取的油中杂质过多，更重要的是核桃饼不能再利用。传统的液压制油可以制取核桃油，但因为劳动强度太大，效率过低，无法实现产业化生产。1995年，有人采用自行研制的壳仁分离机对核桃原料进行处理后，再将核桃仁通过两次冷压榨制取核桃油。该方法工艺路线短，操作方便且设备配套简单，投资少，见效快，能较好地保存核桃油的营养成分，油品佳，风味独特，无溶剂残留。

2004年有报道称核桃仁经脱皮、烘干、破碎处理后采用液压法提取核桃油的工艺是完全可行的。核桃饼中的残油率在8%以下，所得核桃油的各项指标经过精炼以后均符合国家相关标准。具体操作时不用在加工过程中添加硬壳等副料，只要通过控制好压力、压榨次数以及压榨时间等就可以有效控制核桃油的提取率，从而使脱脂核桃饼符合特定加工的需要。

乙烷萃取核桃油可以实现大规模生产，但其不足之处在于脱溶过程中的温度太高，会影响核桃粕和核桃油的品质。如果采用以丁烷和丙烷为主要成分的4号溶剂萃取核桃油，则浸出过程和脱溶过程的温度都比较低，就可以避免核桃蛋白的变性。

根据油料的特性，还可以将压榨和萃取两种方法结合起来，这种方法也应用得非常广泛。核桃油也可以采用水代法制取，但因为油料需要炒制，不仅对油的天然品质有影响，而且容易造成核桃蛋白变性，所以水代法不利于核桃的综合利用。

核桃油含有很高的不饱和脂肪酸，可以达到90%左右，其中主要由油酸、亚油酸、亚麻酸组成。由于不饱和脂肪酸的含量高，核桃油比较容易氧化，而引起油脂氧化的主要原因是氧化反应和水解反应。温度和时间严重影响着核桃油的自氧化程度，且温度的影响要大于时间的影响，因此，核桃油应尽量在低温下贮藏。另外，核桃油的毒性实验表明，核桃油安全无毒、可靠，可以长期食用。

但到目前为止，因为核桃的加工特性，特别是核桃蛋白相对于其他植物蛋白，对热比较敏感，其变性温度为67.5℃，相对来说比较低，而蛋白一旦变性，其亲水性、乳化性等物化特性就会降低；同时生产工艺技术上还存在一些难点，如核桃去皮、风味保持、脂肪上浮、蛋白质沉淀、提高物料利用率等，所以核桃油制取方法需要继续研究和开发。

2. 核桃乳的生产技术　随着人民生活水平的日益提高，对营养保健食品的需求量越来越大。动物蛋白有较高的营养价值，但价格昂贵，而且含有较多的胆固醇，若大量摄取动物蛋白则易导致高血压、动脉硬化、肥胖病等诸多现代"文明病"，所以动物蛋白不适合作为营养保健食品。

核桃是一种营养丰富的食品原料，含有丰富的核黄素、卵磷脂、微量元素、维生素、氨基酸及大量不饱和脂肪酸等，但不含胆固醇。所以食用核桃可以防止机体早衰，促进脑细胞发育，防止动脉硬化，减少胆固醇的合成，是一种比较理想的营养保健食品。

这里介绍的核桃乳具有极高的营养价值，且有浓郁的核桃香味，口感柔和细腻，入口滑爽，相比于其他饮料有更强更独特的优越性，特别是它采用了一种新糖源作为甜味剂，对钙、铁吸收不良者有较好的食疗效果，更适合人们食用，经常食用也会对增强体质、抵抗疾病有很好的效果。同时，采用国际先进的加工工艺生产的核桃乳，可以最大程度地保护和利用核桃中的有效成分，产品饮用方便，冷热皆宜，既可解渴又能充饥，营养丰富，价格适宜，市场前景十分广阔。

（1）核桃仁的选择 选择品种优良、成熟度好、饱满充实的核桃仁，剔除泥沙、叶梗及虫咬与霉变的核桃仁。

（2）磨浆 一是将核桃仁浸泡在 0.2%~0.5% 的小苏打水中，通常冬季要浸泡 6~8 小时，夏季浸泡 2~4 小时，春秋季浸泡 4~6 小时。要保证浸泡好的核桃仁掰开后没有白色硬心。沥去碱水后要用清水将仁漂洗干净。

二是生产核桃乳的配料用水要求为软水，用 0.05% 小苏打调节其 pH。

三是用砂轮磨浆，磨浆水温一般在 80℃ 左右，核桃仁和磨浆水的比例为 1∶10~1∶15。

四是过滤，砂轮磨一般用尼龙滤网过滤，其过滤目数为100~150目，如有离心过滤机，核桃浆可在砂轮磨过滤后直接进入下道工序；如果没有离心过滤机，核桃浆可在砂轮磨过后，用250目的尼龙滤网过滤。

（3）预热　把核桃浆加热到95℃左右，5分钟以后，再用250目的离心过滤机过滤一遍。

（4）调配　一是用2~3倍的沸水将白砂糖溶解，糖浆用过滤机过滤后备用（或用150~200目的尼龙滤网过滤）。

二是用30~50倍的沸水将稳定剂搅拌溶解10~15分钟，并趁热用胶体磨处理一遍（或用高速乳化溶解稳定剂稳定10分钟），之后将其加入核桃浆中，搅匀成混合核桃浆。稳定剂的用量要根据核桃的用量而定，核桃的用量大，稳定剂的用量就要相应增大；但如果核桃的用量少，同时增加稳定剂的用量时，可以明显提高产品的稠度感；

三是将异维生素C钠、乙基麦芽酚、香精等分别用适量温水溶解，再加入调配罐中。加无菌水定容，充分搅匀，通蒸汽加热至75~80℃。

（5）灭菌　采用超高温瞬时灭菌，出料温度控制在70~75℃。

（6）胶磨、均质　此时已经调配好的核桃浆即可进行胶磨、均质，通常情况下第一次均质压力可以低于第二次的压力，根据设备额定压力，均质效果以压力高为好，第一次压力为20~25兆帕，均质温度为75~80℃。

（7）灌装、封口　常规灌装和封口。

（8）即时高压杀菌　杀菌公式为15-20-15分钟/121℃。如包装容器较大，则保温时间要长。

（9）产品质量要求

①感官指标。色泽，呈乳白色或乳白色显微黄色；风味，具有核桃特有的香味、爽口、甜酸适中、无异味；组织状态为乳浊型，无分层，无沉淀；杂质不允许存在。

②理化指标。可溶性固形物（以折光计）含量为9%～10%；pH4.1；总糖含量为8.5%～9.3%。微生物指标：细菌总数（个/毫升）≤100；大肠杆菌（个/100毫升）<3；不得检出致病菌。

（10）操作流程　果品→脱青皮→洗果→去壳→精选核桃仁→磨浆→过滤→预热→调配→精滤→胶磨→均质→超高温灭菌→灌装→封盖→二次灭菌→冷却→吹干→贴标→装箱→入库。

3. 核桃晶的加工技术　核桃营养丰富，香味美，以其为原料加工的核桃晶是一种新型的固体保健饮料，风味甘美，冲饮方便。核桃晶的加工技术如下：

（1）脱壳、去内衣、护色　首先人工去除外壳，用碱液将内衣洗去，洗时先用3%的碱液浸泡3～5分钟，然后迅速捞出并冲净已被腐蚀掉的内衣和表面的碱液。核桃仁去内衣后，要立即投入2%～4%的盐酸里中和2～3分钟，然后放进0.1%柠檬酸+1%食盐的护色液中浸泡5分钟。果实从护色液中捞出后，投入沸腾的预煮液中预煮30分钟。

（2）糖浆制备　按配方比例（核桃40千克，白糖30千克，蛋白质400克，香兰素20克，麦芽糖20千克，维生素C 0.5千克，柠檬酸钠25克，黄原胶5千克，羧甲基纤维素钠50克，加水至100千克）将砂糖、蛋白糖、麦芽糖等加热溶解后，煮沸。

（3）研磨　把糖浆和果实混合，先用筛孔直径为5毫米的打浆机打浆，再用胶体磨细磨，转入搅拌缸中备用。

（4）配科、混合　称取香兰素、柠檬酸等混合均匀后，一起转入搅拌缸，开动搅拌器，使搅拌缸内的各种原辅料充分混匀。

（5）均质　启动均质机后，将其压力逐渐调整到7兆帕，使颗粒细度达到2微米以下，并充分乳化混合。

（6）脱气　为了防止浆料在干燥时因为混进空气而溢出烘盘，从而造成浪费，同时为了提高干燥速度，均质后的浆料应该在真空度为0.095兆帕以上的真空中脱气。

（7）干燥　采用真空干燥，待真空度达0.079兆帕时，将阀门打开放气，为了防止沸腾时外溢浆料，要使真空度尽快上升至0.095兆帕以上。通常需要100~120分钟的干燥时间，在结束前的10分钟，将蒸汽阀门关闭，随后通入冷水冷却至35℃以下出锅。

（8）粉碎、包装　将烘干后的核桃晶及时出锅，然后转入到相对湿度为40%~50%的条件下，在篮式搅拌离心粉碎机内粉碎，及时包装即成。